Friedrich Gerstäcker

Gamsjagd in Tyrol

Lith. Inst v. L. Sachse & Cº Berlin.

Das Aufsteigen.

Friedrich Gerstäcker

Gamsjagd in Tyrol

Mit 34 Illustrationen in Holzschnitt
und 12 Lithographien
Herausgegeben und überarbeitet
von Walter Hansen

Ehrenwirth

CIP-Kurztitelaufnahme der Deutschen Bibliothek

Gerstäcker, Friedrich
Gamsjagd in Tyrol [Tirol] / hrsg. u. überarb. von Walter Hansen. – 1. Aufl. – München : Ehrenwirth, 1978.
ISBN 3-431-02028-3
NE: Hansen, Walter [Bearb.]

ISBN 3-431-02028-3

Druck: Kösel, Kempten
Printed in Germany 1978

Vorwort

Die »Gamsjagd in Tyrol« – 1857 in Leipzig erschienen, inzwischen völlig verschollen – ist das wohl ungewöhnlichste Werk von Friedrich Gerstäcker. In diesem Buch erzählt der aus Hamburg stammende Autor klassischer Indianer-Romane seine Abenteuer, die er zusammen mit dem regierenden Herzog Ernst II. von Sachsen-Coburg und Gotha im bayerisch-österreichischen Hochgebirge der Hinterriß erlebte.
Unverkennbar ist die vertraute Feder Gerstäckers in diesem Buch, ungewohnt freilich die Szenerie: Hochgebirge statt Prärien, Wilderer statt Comanchen, Gamsjäger statt Trapper, Herzog statt Häuptling, Jodler statt Skalpschrei: – Eine literarische Besonderheit mit dem Reiz der Kuriosität.
Wie es zu dieser Gamsjagd kam, ist eine Geschichte für sich: Gerstäcker war 1852 – im Alter von 36 Jahren – aus der Südsee und dem Wilden Westen heimgekehrt, um in Leipzig seine Reiseabenteuer niederzuschreiben.
Zu seinen begeisterten Lesern gehörte Herzog Ernst II. von Sachsen-Coburg und Gotha, ein Cousin des 1831 zum belgischen König gekrönten Leopold I. und ein Bruder des Prinzgemahls Albert, der die englische Königin Viktoria geheiratet hat.
Herzog Ernst war erpicht darauf, Gerstäcker persönlich kennenzulernen und bat den Schriftsteller Gustav Freytag, die Bekanntschaft zu vermitteln. Freytag tauchte seinen Federkiel ins Tintenfaß und schrieb folgenden Brief:

»Siebleben bei Gotha, 5. August 1853

Mein lieber Gerstäcker! Verehrter Freund!

Der Herzog von Coburg-Gotha hat den lebhaften Wunsch, Ihre persönliche Bekanntschaft zu machen. Er hat von Ihnen gelesen, interessiert sich lebhaft für Ihre Reisen und hat sich in diesem Frühjahr sehr viel und genau nach Ihnen erkundigt. Mich hat er beauftragt, diese persönliche Bekanntschaft zu vermitteln, und ich ergreife mit Freuden diese Gelegenheit, Sie, lieber Reisender, auf einige Tage zu mir nach Siebleben einzuladen. Sie werden zunächst mir eine große Freude machen, wenn Sie liebenswürdig sein und kommen wollen. Der Herzog ist vom 11. August bis gegen Ende des Monats in Reinhardsbrunn, und wir haben von mir aus jeden Tag Gelegenheit, ihn zu sprechen. Ich wage, Sie zu mir zu bitten, weil ich annehme, daß Sie so am bequemsten und ungeniertesten den Fürsten kennenlernen, wenn Sie mit mir zu ihm herausfahren. Und es würde Sie nicht reuen, seine Bekanntschaft gemacht zu haben, denn er ist ein sehr liebenswürdiger und gescheiter Herr, der selbst viel Reisen gemacht hat, ein großer Jäger und enthusiastisch für interessante Begebenheiten und selbständige Menschen. Und Sie schätzt er hoch, noch bevor er Sie kennt.

Wenn Sie also irgend können, so kommen Sie ja in diesen Wochen (vom 11. bis 25. August) einmal hierhergesaust, es ist diese Reise ja für Sie eine so lächerliche Kleinigkeit, wie für einen anderen eine Cigarre rauchen, ich bin nur in der einen Sorge, daß Sie nicht kommen werden, weil Ihnen die Entfernung von Leipzig nach Gotha ehrenrührig gering vorkommt, es ist gegen Ihr Selbstgefühl, überhaupt noch so kurze Strecken zu reisen. Bitte lieber Mann, besiegen Sie dieses und alle anderen etwa entgegenstehenden Hindernisse, und kommen Sie. Siebleben ist eine Viertelstunde von Gotha entfernt, die Communication mit der Eisenbahn sehr bequem.

Jedenfalls haben Sie die Freundlichkeit, mir recht bald nach Empfang dieses Zettels Ihre Ansicht und Willensmeinung zu manifestieren, und wenn Sie, wie ich nochmals bitte, mir die Freude machen wollen, zu kommen, so schreiben Sie mir das Datum, ich würde Sie dann auf der Eisenbahn abholen. Sehr ungeniert! Keine Gene und Hofzeremoniell, mein teurer Comanche! Herzlichen Gruß hintennach. Bleiben Sie hold Ihrem treu ergebenen Freytag.«

Gerstäcker kam mit der Eisenbahn angereist, und Herzog Ernst war von dem fast gleichaltrigen Schriftsteller so angetan, daß er ihm spontan das im Park seines Schlosses Rosenau bei Coburg gelegene »Schweizer Haus« als Wohnung anbot. Ein Jahr später übersiedelte Gerstäcker mit seiner Frau und der einjährigen Tochter in die nächste Umgebung des Fürsten. Zunächst war das Verhältnis der beiden Jäger, die in den herzoglichen Flachland-Revieren nahe bei

Coburg häufig pirschten, wegen des großen Standesunterschiedes sehr distanziert. Freunde wurden Fürst und Autor erst 1856 auf einer gemeinsamen Gamsjagd in Tirol. Mit von der Partie war damals der junge Prinz Coburg-Coharry, ein Verwandter des Herzogs.
Das Buch, das Gerstäcker ein Jahr später darüber schrieb – eben diese »Gamsjagd in Tyrol« – geriet in die Hände eines Kaisersohnes: des Erzherzogs Johann, der beim Volk höchste Popularität genoß, weil er zum Schrecken der erlauchten Verwandtschaft im Jahre 1827 die Bad Ausseer Posthalter-Tochter Anna Plochl geheiratet hatte. Seine Jagdleidenschaft war so legendär, daß sie im Erzherzog-Johann-Jodler besungen wurde: »wenn sei Büchserl knallt und da Gamsbock fallt...«
Der Erzherzog also zeigte sich von dem Buch aufs höchste entzückt und wollte Gerstäcker als Gefährten für eine Gams-Pirsch in der Nähe von Bad Gastein gewinnen. Um ihn persönlich kennenzulernen, fuhr er nach Bad Ems, wo er Gerstäcker zur Kur wußte. Über die Begegnung berichtete Gerstäcker am 16. 6. 1858 seiner Mutter:

»... Der Erzherzog Johann ließ mich gestern zu sich rufen, meine Bekanntschaft zu machen, da ihm meine »Gemsjagd« so gut gefallen hat. Er ist ein prächtiger alter Herr, und wir unterhielten uns wohl dreiviertel Stunden über die Jagd. Im Lauf des Gesprächs erzählte ich ihm, daß ich mir im vorigen Jahr den Arm ausgerenkt hatte und er riet mir Gastein an. Er habe sich auch den linken Arm einmal ausgerenkt, oder sei vielmehr von einem wild gewordenen Stier herabgeworfen worden, Gastein habe ihm da außerordentlich geholfen.
Zugleich sagte er mir, daß er dort eine wundervolle Gemsjagd habe. Zuletzt verabschiedete er mich sehr freundlich, und ich war kaum zu Haus, so schickte er mir seinen Geheimsekretär, den Herrn Habel, nach, und ließ mich für diesen August zur Jagd einladen. Ich habe doch eigentlich ein schmähliches Glück. Tut mir aber den Gefallen und sprecht mit niemandem darüber, denn es wäre mir sehr fatal, wenn es gleich brühwarm in die Zeitungen käme, die auf alle derlei Sachen fahnden. Der Erzherzog wird hingehen sobald die Entbindung der Kaiserin vorüber ist, die wohl Anfang August bevorsteht.«

Die Gamsjagd mußte jedoch abgeblasen werden, weil just zu diesem Zeitpunkt des Herzogs Nichte Margarethe starb und die Landestrauer das fröhliche Waidwerk verbot.
Erzherzog Johann lud Gerstäcker daraufhin zum Kaiserschießen nach Meran.
Doch inzwischen hatte den Schriftsteller wieder das Fernweh gepackt. Er sagte dem Erzherzog ab und reiste nach Südamerika.
Als er 18 Monate später zurückkehrte, war Erzherzog Johann verstorben. Wieder wurde nichts aus der Gamsjagd.
Dafür wartete ein anderes Erlebnis auf Gerstäcker: Herzog Ernst von Sachsen-Coburg und Gotha stand nämlich der Sinn nach einer Löwenjagd in Afrika und er wollte unbedingt, daß der Schriftsteller mitkommen sollte. Gerstäcker, der ruhelose Abenteuerer, war sofort startbereit. Kaum hatte er sich den Staub von der Südamerika-Reise abgeschüttelt, verließ er die Heimat schon wieder – diesmal in Richtung Afrika. Dort, in den Nil-Sümpfen unweit von Kairo, erkrankten die Jäger lebensgefährlich an Malaria.
Nun erwies sich fürstliche Protektion als nützlich. Königin Viktoria von England vernahm verstört von der Erkrankung und arrangierte eine wahrhaft majestätische Hilfsaktion: Sie befahl die unverzügliche Entsendung eines Kriegsschiffes, das die prominenten Patienten an Bord nahm und auf schnellstem Weg in die Obhut europäischer Ärzte brachte.
Gerstäcker, der später noch mehrere Reisen unternahm, zog dann aus der Umgebung des Herzogs fort, erst nach Dresden und schließlich nach Braunschweig. Trotz der Trennung dauerte die Freundschaft der beiden Gamsjäger an.
Auch die seit der Gamsjagd in Tirol bestehende Bekanntschaft zwischen Gerstäcker und dem Prinzen Coburg-Coharry riß nicht ab. Und als der Prinz, der vornehmlich in exotischen Ländern zu waidwerken liebte, eine Tigerjagd nach China plante, lud er den Schriftsteller als Reisebegleiter ein.
Gerstäcker sagte begeistert zu – und erlitt beim Kofferpacken in Braunschweig, am 2. Juni 1872, einen tödlichen Gehirnschlag.

Die Hinterriß – Schauplatz der Gerstäcker'schen »Gamsjagd in Tyrol« – ist auch heutzutage noch fürstliches Jagdrevier. Dort pflegt sich der belgische Ex-König Leopold III. mit seiner Gemahlin, Prinzessin Réthy, gerne aufzuhalten, seit er 1951 zugunsten des Sohnes Baudouin auf den Thron verzichtet hat. Ex-König Leopold III. aus dem Hause Sachsen-Coburg ist ein Urgroßneffe von Herzog Ernst II., dem Jagdbegleiter Gerstäckers.

w.h.

In die Alpen

Die Gamsjagd! – Welchen eigenen Zauber nur das Wort allein auf mich ausübt! Kaum nehme ich die Feder in die Hand, kaum lasse ich die Erinnerung zurückschweifen zu jenem wilden, fröhlichen Leben, so tauchen auch schon die grimmen Berge in all ihrer Pracht und Herrlichkeit empor. Wieder sehe ich jene schroffen Kuppen und Joche, jene Schluchten und Wände hoch über mir emporragen – und unter mir in schwindelnder Tiefe liegen – wieder höre ich in weiter Ferne das Donnern der Lawinen, das Prasseln der aufgescheuchten Gemsen auf dem lockeren Geröll der Reißen*, und wie mit einem jähen Schlag steht plötzlich jene wunderbare Welt in ihrer ganzen Pracht und Größe überwältigend um mich her.

Das Herz fängt mir an zu schlagen, als ob ich noch einmal da draußen, halb in einen Latschenbusch hineingeklemmt, auf überhängender vorspringender Felsenspitze klebte und kaum atmend, mit der gespannten Büchse in der Hand, in ängstlicher, fast peinlicher Lust, die Sinne zum Zerspringen angestrafft, des flüchtigen Wildes harrte – und alles wird lebendig um mich her:

In den gelblich schimmernden Tannen, die tief unter mir ihre halbtrockenen Spitzen herausstrecken, rauscht und murmelt der Wind. Er schüttelt und schaukelt die elastischen zähen Zweige der Krummholzkiefer und fegt den Staub aus den trockenen Ritzen und Spalten der weiten Klamm, die sich neben mir, mit ihren gähnenden Schluchten, tief in den Berg hineingefressen hat. Dort drüben balgt sich ein Schwarm schreiender, munterer Alpendohlen und still darüber hin, in stummer gewaltiger Majestät, zieht ein einzelner Jochgeier – der braune Steinadler – seine luftige Bahn.

Oh komm! – Fort, fort aus dem flachen Land. – Dort hinten ragen schon die starren, lichtübergossenen Joche aus dem duft'gen Nebel auf, der wie ein Schleier auf den Bergen liegt; neben uns rauscht und funkelt die grüne Isar und trägt den flüssigen, wie mit leuchtendem Silber übergossenen Bergkristall zum niedern Land hinab. Die kleinen, zierlichen, reinlichen Häuser mit ihren steinbeschwerten Dächern, hölzernen Verandas, bunten Heiligenbildern und Außenwerken von gespaltenen Winterscheiten werden häufiger; freund-

* Geröllfelder

lich grüßende Gesichter mit spitzen, federgeschmückten Hüten darüber, das unvermeidliche »Regendach« unter dem Arm, begegnen uns, und jetzt rasselt der Wagen über das Pflaster des Bergstädtchens Tölz die lange Straße hinab, die wie eine Bildgalerie an beiden Seiten alle möglichen Szenen aus der biblischen Geschichte und christlichen Sage zeigt. – Den Hang nieder geht's, durch eine Planken belegte, mit blauen Hemmschuhspuren gestreifte Brücke über die Isar hinüber, die hier ärgerlich schäumt, weil sie da plötzlich, in eine Wehr gedrängt, nun Mühlen treiben soll, das freie Kind der Berge.

Und jetzt strecken die alten lieben Berge die Arme aus, uns zu begrüßen: enger, tiefer wird das Tal mit jeder Meile, grüner der Fluß, reiner der Himmel, schmaler der Weg, dem der leichte Wagen folgt. Schon nickt die Krummholzkiefer – der Latschenbusch, wie sie die Einheimischen nennen – uns von den nächsten Hängen ein freundliches Willkommen zu.

Trefflich genährte Schafherden der Bergamasker Rasse, mit riesigen Glocken um den Hälsen, gefolgt von Hirten, schwer mit allerlei Alpengerät bepackt, begegnen uns in der Straße. Es ist Oktober, und Hirten und Herden weichen dem nächst zu erwartenden Schneefall aus. Der hat auch die höchsten Kuppen des Gebirges schon dann und wann einmal auf ein paar Tage mit seinen weißen Mänteln überworfen – nur als ob er sehen wollte, ob ihnen die alten Kleider vom vorigen Jahr noch passen – und sie sitzen wie angegossen.

Es ist Herbst, und die Hirten »drin im Gebirg« haben selbst die letzten »Unterleger« verlassen, um ihre Talwohnungen aufzusuchen und ihre Herden vor Lawinensturz und Wintersturm in Sicherheit zu bringen.
In den Bergen wird's jetzt leer, da Vieh und Herden sie geräumt, und wunderhübsch schildert Tschudi das in seiner »Alpenwelt«:
»Weißt Du doch selber, Alpenwanderer«, schreibt er, »was für ein schwermütig drückender Ton im Herbst über diesen Felsen liegt, wenn Menschen und Herden, Pferde und Hund und Feuer, Brot und Salz sich ins Tal zurückgezogen. Wenn Du an der verlassenen und verrammelten Hütte vorüber steigst, und alles immer einsamer und einsamer wird, wie wenn der alte Geist des Gebirges den majestätischen Mantel seines furchtbaren Ernstes über sein ganzes Revier hinschlüge. Kein befreundeter Atemzug weht Dich meilenweit an, kein heimischer Ton – nur das Krächzen des hungrigen Raubvogels, das Pfeifen des schnell verschwindenden Murmeltiers mischt sich in das Dröhnen der Gletscher und das monotone Rauschen des kalten Eiswassers. Die kahlgeweideten Gründe, in denen die kleinen Gruppen der giftigen Kräuter mit frischen Graskränzen, welche das Vieh nicht berührte, sich auszeichnen, haben die letzten anmutigen Tinten des Idylls verloren.
Der schwarze Salamander und die träge Alpenkröte nehmen wieder Besitz von den verschlammenden Tränkbetten der Rinder, und die verspäteten Bergfalter schweben mit halb zerrissenen und abgebleichten Flügeln durch das Revier, aus dem die beweglichen Unken in trostlosen Chören die sommerlichen Jodelgesänge der Hirten wie spottend zu wiederholen scheinen«.
Nicht wahr, es ist schade, daß der Jäger gerade in diese Berge einzieht, wenn sie der Hirt mit seinen idyllischen Herden verläßt?
– Gewiß – aber es hat auch Vorteile:
»Gott sei Dank, daß das langweilige Vieh mit seinem Gebimmel endlich abzieht«, murmelt er vergnügt vor sich hin, »jetzt bekommen die Berge doch endlich einmal Ruh, und man braucht nicht zu fürchten, auf jedem Pirschpfad und Joch statt einem Rudel Gemsen eine Herde Schafe anzutreffen«.
Die Poesie der Berge verträgt sich recht gut mit der Jagd, und der echte Jäger weiß sie gewiß zu würdigen, denn sein ganzes Leben

und Treiben ist poetsich; aber – sie darf ihm nur nicht in's Gehege kommen, sonst sind sie eben die längste Zeit Freunde gewesen. Wo sie die Ausübung seiner Jagdlust stört, hat sie für ihn aufgehört Poesie zu sein, und, wenn er sie nicht zum Teufel wünscht, geschieht dies nur in einzelnen Fällen aus ganz besonderer Rücksicht.

Der Wagen rollt indessen lustig den schmalen Weg entlang, der sich, allmählich dem Lauf der Isar folgend, aufwärts zieht. Die Krummholzkiefer kommt schon bis an den Weg herab, und läuft hinüber, bis zu dem Stein besäten Ufer des kristallhellen Bergstroms, in dessen blitzender Flut hie und da eine muntere Forelle leicht und rasch der Strömung entgegenschwimmt. Noch umgeben uns hohe, aber bis zu ihrem Gipfel dicht bewaldete Berge, noch haben wir die Alpenregion nicht erreicht, und zu nah steigen die uns nächsten Hänge nebenauf, als daß wir die dahinter liegenden mächtigeren Kuppen erkennen könnten.

Aber das Gebirge wird schon wilder. Rechts von uns ragt eine hohe schroffe Steinwand, von der Sonne mit ihrer flammenden Glut übergossen, wie eine riesige Silberstufe auf, nach links zu öffnet sich jetzt das Tal, und herüber grüßt da plötzlich mit seiner scharfgeschnittenen schneegedeckten Pyramidenkuppe der Scharfreuter, während weiter nach vorne, wo jetzt die Riß sich in die Isar gießt, der Stuhlkopf und dahinter der gewaltige Steinkegel der große Falken sichtbar werden.

Mit ihnen taucht die Erinnerung an manche wilde Schlucht, an manche romantische, tief in Berg und Wald hineingedrückte Lagerhütte wieder auf, die uns da drinnen sehnlich schon erwartet.

In grimmer, stolzer Majestät stehn die Berge dort und bieten den Jahrhunderten die Stirne. Ob sie die Orkane umrasen, ob der Föhn durch ihre Schluchten tobt, oder die Lawine, von ihrem Nacken nieder, donnerndes Entsetzen in die Täler wirft, oder ob kosende Frühlingslüfte ihre Hänge und Wände mit Blüten decken, was kümmert's sie. Geschlechter gehn und kommen und vergehn aufs neu, und starr und trotzig recken sie die Häupter nach wie vor dem blauen Äthermeer entgegen.

Aber hier sind wir schon im Gemsenrevier. – Rechts und links hinauf sucht das Auge unwillkürlich nach einem dunklen Fleck auf dem Grau der Steine oder in dem matten Grün der Almen. Die Hand greift rasch und unwillkürlich nach dem Fernrohr an der Seite, irgend einen erspähten Punkt, und auch nicht größer als einen Punkt, mit dem scharfen Glas mißtrauisch näher zu untersuchen. – Aber nein: der dunkle Schatten einer alten Wurzel, ein Erdloch, aus dem sich ein talabgerollter Stein gebröckelt, ein wunderlich gebogener Ast ist's vielleicht, was das scharfe Auge des Jägers für einen möglichen Gemsbock gehalten.

Hier haben wir auch schon die Isar verlassen und sind in das Rißtal eingebogen.

Weiter aber noch rollt der Wagen; immer enger wird das Tal, immer wilder und rauschender die muntere Riß, die hier schon über wildes Steingeröll hinüberschäumt und manchen kecken Sprung versucht. Immer steiler werden die Wände unter denen der Weg sich jetzt wie ängstlich hindrückt. Menschenwohnungen ließen wir mit der Fall, in der ein Forsthaus steht, schon längst hinter uns, und nun nähern wir uns dem Distrikt, wo der Meinung der Flachländer nach, »die Füchse einander gute Nacht sagen«. Nur selten zeigt noch hie und da eine verlassene Sennhütte ihr helles Dach, die Sennen selber sind mit dem Vieh talab gezogen. Wilder wird hier die Landschaft; dunkle Kiefer- und Fichtenwaldung schickt ihre grünen Schatten bis zum Strom herab, und hier – wo sich die Wände fast zusammendrängen, die Riß, in ihr schmales Bett hineingepreßt, ärgerlich und tobend, tief unter eine darüber hingespannte Brücke, sprudelnd und schäumend niederspringt – kommen wir zur Grenze.

Warum hebt sich die Brust so viel höher, warum schaut das Auge so viel schärfer nach Wild umher an den Hängen, nach Fährten auf dem Weg und in dem weichen Waldgrund, der ihn an beiden Seiten begrenzt? – Weil es das eigene Jagdrevier ist! Die Gemse, die hier steht, das Wild das hier in stiller Nacht vorüberzieht, gehört zu vertrauten Rudeln, und die Berge, die hier ihre grünen Arme und grauen Häupter aus- und emporrecken, sind der Tummelplatz ihrer Spiele und tragen den gedeckten Tisch für sie.

Jetzt macht der Weg eine Biegung, voraus steigt der Stuhlkopf schroff empor, das Wasser rauscht lebendiger, einzelne Dächer in dem sich weiter öffnenden Tal werden sichtbar, ein kleines Kloster, von mehreren Hütten umgeben, dehnt sich langsam aus. Dahinter liegt – dem überraschten Blick wie aus dem Boden steigend, hineingebaut in die waldigen Berge, den schäumenden Strom überragend und mit seinen eingeschnittenen hellen Mauern und flatternden Fahnen gar so freundlich herüberleuchtend – ein reizendes Jagdschloß, vor dem sich schon ein buntes Gemisch von Jägern, Dienern und Hunden gesammelt hat, den Herrn und seine Gäste zu begrüßen.

Wie kühn und wacker die Burschen aussehn in ihrer malerischen Tracht, wie freundlich die gesunden gutmütigen Gesichter dreinschauen, wie glücklich diese Adler-Augen lächeln, den lieben Herrn wieder begrüßen zu können, der ja des Jahrs nur einmal, auf wenige Wochen aus weiter Ferne zu ihnen kommt. – Nun gibt's wieder Leben in den Bergen.

Und wahrlich malerisch ist die Tracht der Leute. Auf dem Kopf tragen sie den bekannten Tyroler-Hut mit ein paar nach rückwärts gebogenen Spielhahnfedern, den Stoß eines Schnee- oder Haselhuhns, und manchmal einen Gemsbart. Der Hals ist frei und das weiße Hemd wird durch ein schwarz oder bunt seidenes Tuch locker zusammengehalten. Vortrefflich unter den Hut paßt aber die graue Joppe – eigentlich etwas zu dunkel für die Berge, weil die lichteren Farben viel besser mit dem Grün und Grau der Büsche und Felsen verschmelzen – und unter dieser Joppe reichen die schwarzen Lederhosen nur bis zum oberen Rand des Knies, das sie bloß lassen, während unter dem Knie der dick wollene, meist gewebte grüne oder graue Strumpf beginnt.

Die Füße stecken in mächtigen Bergschuhen von festem, wenig

geschmeidigen Leder, das den Fuß kräftig zusammenhält, während die darunter eingeschlagenen Nägel nur durch den bloßen Anblick einem mit Hühneraugen geplagten Menschenkinde Entsetzen einflößen müßten. Es sind das auch keine gewöhnlichen Nägel, sondern nach innen scharf abschneidend, nach außen mit breitem Griff die Sohle fassend und schützend, bilden sie einen scharfen eisernen Rand um den Schuh herum und ahmen dadurch die ähnlich eingeschnittenen Schalen der Gemse nach. Ohne diese Schuh würde selbst nicht der von klein auf an die Berge gewohnte Jäger im Stande sein, an den steilen Lannen* und schroffen Hängen, die oft nur kaum zollbreite Vorsprünge auf ihrer glatten Fläche bieten, fortzukommen. Mit solchem scharfen Eisenrand schneidet man aber fest und sicher in die Wände ein, und wenn der Kopf nicht schwindelt, läuft man mit einiger Übung sicher über nicht eben ganz senkrechte Wände hin.

Dazu braucht man außer den Schuhen noch ein anderes, höchst nötiges Instrument, und zwar den Bergstock, der von etwa sechs Fuß Länge, mit oder ohne eisernen Stachel, gewöhnlich nur roh aus einer Haselstaude geschnitten und getrocknet – dem Bergwanderer die Hauptstütze und Hilfe bietet. Ohne den Stock wär der Wanderer nur wenig nütz da oben. Weniger beim Auf-, besonders aber beim Niedersteigen, sichert der Stock den Gang, hemmt den zu raschen Lauf und ist in der Tat des Kletternden bester Freund.

Besonders nützlich zeigt er sich an steilen Hängen, wo man ihn waagrecht in Händen hält, mit der Spitze die Wand berührend. Nicht zu steile Lannen läuft der Jäger mit diesem Stock, indem er ihn hinten einsetzt und sich darauf zurückbiegt, fast in voller Flucht hinunter. Er dient ihm so als Hemmschuh, mit dessen Hilfe er jeden Augenblick seinen Lauf einzügeln kann.

Noch darf ich den Bergsack – oder Rucksack – nicht unerwähnt lassen. Dann sind wir, sobald wir die Büchse auf die Schulter werfen, zum Marsch gerüstet, und wenn die Sonne morgen früh über die Berge schaut, findet sie uns hoch über dem Nebel droben. Der Bergsack ist, wie alles was der Alpenjäger braucht und mit sich trägt, so einfach, leicht und praktisch wie nur irgend möglich eingerichtet. Er besteht aus einem grünleinenen Sack, der hinten mit

* Bergwiesen

einem starken Seil auf und zu geschnürt werden kann und wird auf dem Rücken, wo er keine Bewegung hindert, mit zwei Achselbändern getragen. Er ist dabei so zusammengefaltet, daß er, wenn der Jäger nur sein bißchen Proviant, seine Steigeisen, seine Munition und etwas Wäsche oder seine Regenjoppe darin hat, ganz klein aussieht, während er dennoch groß genug ist, um mit Leichtigkeit den größten Gemsbock noch obendrein mit aufzunehmen. Die »Gams« wird dann so zusammengelegt, daß Kopf und Läufe ineinandergeschoben oben auf kommen, und nur die äußersten Spitzen der Läufe mit den Krickeln (Hörner der Gemse) zum Schlitz herausschauen.

Hinauf!

Wir sind gerüstet! Drüben im Westen neigt sich schon die Sonne den hohen Jochen zu, und nach dem rasch eingenommenen Mahl geht es hinauf in die Berge, zur fröhlichen Jagd.

Wie sich das so wunderbar leicht mit den nackten Knien steigt – denn alle Schützen, ohne Ausnahme, haben jetzt schon die Tracht der Gebirgsbewohner angelegt. Wie sich das Bein so frei da biegt, und Arme und Bergstock mit eifriger Gefälligkeit nachhelfen, den hochaufatmenden Jäger bergan zu bringen – und wie die Lungenflügel sich so weit bewegen! Man fragt sich selber oft erstaunt: »wirst Du denn nur gar nicht müde?« – denn höher immer höher hinauf zieht sich der zickzacklaufende Reitsteg, dem wir jetzt folgen. Müde? Das Wort kennt man kaum in den Bergen; und wenn man wirklich einmal nach einer gar zu steilen, anstrengenden Tour zu Tode erschöpft glaubt niedersinken zu müssen und dann den Gliedern nur wenige Minuten Ruhe gönnt, ist alles Überstandene im Handumdrehen vergessen.

Das Jagdschloß liegt schon etwa 3000 Fuß* über der Meeresfläche; steil auf führt der Weg uns nun empor, erst durch prächtige Buchen und Ahornwälder, in die hinein die dunkle schlanke Tanne ihre dichten Zweige reckt, dann kommt die Birke mit dem weißen Stamm, die Espe, Eberesche und hie und da ein Krummholzkiefer- oder Latschendickicht, mit dem der Jäger wohl bald mehr und näher bekannt werden soll, als ihm manchmal lieb ist. Jetzt wird das jedoch nicht sonderlich beachtet. Der ausgehauene Weg führt hindurch und man bemerkt die weitausreichenden zähen Zweige nicht.

Noch steigen wir fortwährend in diesem Wald bergauf, und die überhängenden Zweige der Tannen, wie das dichte Unterholz mit den Latschen zusammen, hindern die Aussicht ins Freie. Höher und höher steigen wir so, und lauter und lauter rauscht unten im Tal die Riß, die am Fuß des Berges nur eben mit leisem Plätschern vorüberquoll, hier aber den Ton, durch die Wände zusammengedrängt, in vollen Akkorden nach oben sendet. Reiner wird hier der Himmel, leichter die Luft und unwillkürlich packt man, im Gefühl der eigenen Kraft, den Bergstock fester.

* 1 Fuß = 30 Zentimeter

Der Pfad ist schon am Morgen von den Trägern begangen worden, die das Nötigste an Proviant, Betten und Geschirr hinaufschaffen sollten. Neben ihren Fußstapfen sieht man die Spuren von Tieren. Hier ist ein starker Hirsch hinaufgewechselt; dort sind ein paar Stück Wild – wahrscheinlich ein Alt- und Schmaltier – demselben eine Strecke gefolgt und haben sich dann links hinein in die Klamm oder Schlucht gezogen. Das Rotwild liebt überhaupt mehr als die Gemse einen bequemen Pfad und benützt die Pirschwege außerordentlich gern.

Höher, immer höher kommen wir hinauf; die Kiefern und Tannen werden immer niedriger und stehn dünner. Die Buchenregion haben wir schon längst verlassen, wo das fatal raschelnde gelbe Laub den Boden bedeckt, den pirschenden Jäger zu doppelter Vorsicht nötigt und geräuschloses Anschleichen oft ganz unmöglich macht. Hier beginnt die Latsche ihr Regiment, und eine offene Stelle erreichend, von der aus der Blick frei nach dem gegenüber liegenden Gebirgshang, über das Tal weg schweifen kann, hebt ein plötzliches, überraschtes »Ach!« die Brust. Vergessen ist das Steigen, vergessen alles um uns her in dem einen, wundervollen Schauspiel, das sich dem erstaunten, jubelnden Blick da bietet.

Dort drüben vor uns, dem Blick scheinbar so nah, daß man glauben könnte mit einer Büchsenkugel die Wände zu erreichen, während sie in der Tat in gerader Richtung wohl eine Stunde und weiter entfernt liegen, steigt die riesige Gruppe des Falken empor; und wie gewaltig ist der Fels gewachsen, seit wir ihn von unten zum letzten Mal sahen. Dort schien er nur ein breitgedrängter, mit Nadelholz dicht bewachsener Berg, aus dem sich eine graue Felsenkuppe, nicht eben übermäßig hoch, erhob. Jetzt, nachdem wir fast eine Stunde gestiegen und uns die Umrisse des ganzen Gebirges scharf und klar ins Auge fallen, sehen wir, daß wir noch nicht einmal die Höhe des gegenüberliegenden höchsten Fichtenwaldes erreicht haben. Weit weit hinaus, wie ein Gebirg von Fels und Schlucht, während der blaue Äther ihn durchsichtig und leicht umfließt, türmt sich ein riesiger Block von Felsenmassen auf, in dem sich wieder Berg und Täler bilden. Die mächtigen Tannen, die an ihm mehrere tausend Fuß emporsteigen, sehn kaum Zoll hoch aus; die stattlichen Krummholzkiefern, deren Büsche von zehn bis fünfzehn Fuß Höhe halten, gleichen grünem Moos, das auf den nackten Flächen liegt. Schroff und steil, zerspalten und eingerissen mit furchtbaren Schluchten, für die der Blick noch nicht einmal den Maßstab hat, hebt sich die kolossale Masse kahlen Kalkgesteins empor.
Diese Kegel, Kuppen und Joche muß man aber selber erst einmal besteigen, um einen Begriff ihrer Höhe und Entfernung zu erhalten. Überhaupt täuscht die feine, reine Luft oben auf der Höhe, selbst beim Schießen, ungemein: Gegenstände, die dem Anschein nach nur geringe Entfernung haben, weichen zurück, wenn man sich ihnen nähern will. Bis ins Unglaubliche hinein betrügt man sich ganz vorzüglich, wenn man irgend einen gegenüberliegenden Hang erreichen will. Ein Berg liegt vor uns, ein kleines, dem Anscheine nach nicht sehr tiefes Tal dazwischen; man denkt, in einer halben Stunde wenigstens an der anderen Stelle sein zu können, und hat in einer Stunde kaum den unten fließenden Bach erreicht. An den von Holz entblößten Almen sieht man oft weite offene Flächen, die so glatt und eben aussehen, als ob man aus weiter Ferne jeden darüber springenden Hasen erkennen müßte; hat man sich aber endlich über vorher gar nicht bemerkte Hindernisse mit Mühe und Not zu ihnen durchgearbeitet, so findet man Hügel und Täler in dem, was man

für glatten Boden gehalten. So arg ist die Augentäuschung in den Bergen, daß auch nicht ein Gemälde, mag es noch so treu und gewissenhaft und von der Hand des größten Künstlers aufgenommen sein, die ungeheure Größe jener Berge, das Riesige der Umrisse wiederzugeben vermag, denn dem Beschauer fehlt eben der Maßstab, den er an solch ein Gemälde legen könnte – täuscht ihn doch selber die Natur.

Aber wir müssen weiter. Im Gebüsch zwitschert das Goldhähnchen, piept die Meise und sucht sich ihr Ruheplätzchen für den dunkelnden Abend. Noch glühen zwar jene Kuppen im Licht der scheidenden Sonne, aber in den Tälern da unten, deren Übersicht uns hier im dicken Unterholze abgeschnitten ist, lagert sich schon die Nacht, zieht sich die weiße Nebeldecke langsam an den Zipfeln aus Felsenspalte und Waldesschlucht heraus und schmiegt sich tief hinein ins weiche Bett.

Wir haben noch ein tüchtig Stück zu steigen, doch mit dem Abend wird die Luft so kühl und frisch, so geheimnisvoll rauscht dazu der Strom unten im Tal hin und zirpt die Grille tief im Dickicht drin, daß man recht gut noch einmal so rasch vorwärts rücken könnte – wenn sich eben die Kuppen hinter uns nicht gar so wundervoll und wechselnd färbten und den Wanderer wieder und wieder zwingen würden, stehn zu bleiben, mit durstigem Auge jenes Götterschauspiel einzusaugen.

Wie der Stuhlkopf und die Rote Wand dort hinten im rosigen Licht der untergehenden Sonne glühn, die zwischen den hohen Kuppen hindurch ebenfalls noch ihre Streiflichter wirft und an dem zackigen Gemsjoch wie der abgeplatteten Spitze des Sonnenjochs ihre letzten Strahlen bricht. Und immer lichter werden dort die Höhn, immer durchsichtiger, duftiger wird das graue, schwere Gestein, das, wenn auch scharf abgezeichnet gegen den reinen Horizont, doch mit dem Äther zu verschwimmen scheint. Und grüner, dunkler wird der Wald, schattiger das Tal; mit tieferem Blau färbt sich der Himmel. Düsterer und wilder wird drüben der Bergeswall, der jetzt nur noch die dunklen Schattenwände zeigt und in den inneren Konturen schon ineinanderfließt. Einzelne Sterne blitzen am Himmel auf, und wie sich im Westen dort am hellen Ätherrand mit schwarzen schroffgerissenen Linien die oberen Joche abschneiden, liegt die andere Welt in tiefer, schweigender Nacht. Stärker rauscht dazu der Strom, als ob er eiliger hinaus wollte aus den dunklen Tälern, ins Freie nieder. Heimlicher säuselt der Wald von einem leichten Süd-West bewegt, der flüsternd und mit den taufeuchten Zweigen kosend, das Tal hinauf weht; über den ganzen weiten Himmel ausgegossen ist plötzlich der Sterne funkelnder Glanz.

Und dort liegt die Pirschhütte; hellblinkend schauen die neuen Bretter aus dem dichten Grün der Latschen vor; aus dem verhangenen Fenster schimmert Licht, und nebenan leuchtet aus einem anderen kleinen Haus der Feuerschein vom Kamin der Jäger herüber. Die Schweißhunde schlagen an; die Jäger, die ein paar Stunden vorausgeschickt waren, springen vor die Tür und der Herr betritt, freundlich grüßend, zum ersten Mal wieder und mit leuchtendem Blick sein Pirschhaus zu Steileck, die stille Jägerhütte in den Alpen.

Zur Toilette braucht's da oben wenig Zeit, die ist in den Bergen rasch beendet, und jetzt kommt eigentlich der schönste Augenblick: Der Jäger-Rat, der Bericht der Leute, wie's in den Bergen steht, und was am besten jetzt zu tun sei, dem scheuen Wilde beizukommen.

»Rainer soll hereinkommen!«

Wenige Minuten später geht die Tür auf und Rainer, der grad vom Essen aufgesprungen ist, tritt, sich noch geschwind den Mund wischend, ins kleine Gemach. Er war schon eine Zeitlang vorher heraufgeschickt worden, das Terrain, das er selber aus früheren Jahren genau kennt, zu rekognoszieren, die verschiedenen Joche und Klammern, die eingerissenen scharfen Schluchten und Gräben abzuäugen, und von den verschiedenen dort stationierten oder mit der Überwachung beauftragten Jägern Erkundigungen einzuziehen.

An sich ist Rainer aber selbst eine viel zu interessante Persönlichkeit, ihn so ohne weiteres, und ohne etwas nähere Beschreibung einzuführen.

Wenn er bei der Tafel unten im Schloß im schwarzen Frack, schwarzen langen Hosen und strenger Halsbinde mit aufwartet, gibt es kaum eine steifere, unbeholfener aussehende Figur, als ihn. Aber wie verwandelt ist der Mann, wenn er die freie Bergtracht trägt! Es ist, als ob er mit der Tiroler-Joppe und dem spitzen Hut, den kurzen Hosen und den eisenbeschlagenen Schuhen auch einen anderen Menschen angezogen hätte. Jede seiner Bewegungen ist frei und natürlich; das charakteristisch geschnittene Gesicht mit dem blonden, sorgfältig gepflegten Bart, die klugen, hellen Augen und der sehnige Körper, machen ihn zu einem tüchtigen Repräsentanten des ganzen Jägervolks.

Seine Worte setzt er freilich manchmal, als ob er noch den schwarzen Frack trüge.

Rainer hat die Schweißhunde unter sich, und selber besitzt er einen kleinen Dachs*, der sogar in den Alpen seinesgleichen auf der Fährte sucht. Er heißt »Bergmandl« und spielte eine zu bedeutende Rolle auf der Nachsuche, als daß man ihn unerwähnt lassen könnte, und manches angeschossene Stück hat der kleine, unerschrockene und unverdrossene Teckel schon gefunden und gestellt.

»Nun, Rainer, wie stehts? ist noch was da?

»I denk, Hocheit, es schaut recht gut aus«, lautet die vergnügt lächelnde Antwort, und Rainer holt sich indes mit den Augen seinen Dank für die gute Botschaft von sämtlichen Gesichtern. Er

* Gerstäcker meint wohl einen Dackel, zumal er »Bergmandl« später immer als Teckel bezeichnet. Der Dackel wurde früher gelegentlich von Jäger als »Dachs« bezeichnet.

sagt »Hocheit« statt »Hoheit«, wie alle Tiroler Jäger, deren kerniger Dialekt das »h« leicht in ein »ch« verwandelt.
»So – hast du Gemsen gesehen?
»Sehn tut man gerade nicht viel, aber spüren überall – nur noch nicht recht oben auf den Alpen. Es ist noch zu warm und sie stehn drin in den Gräben.«
»Aber Du hast doch auch welche gesehn?«
»Ei ja wohl. Gestern war ich drüben an dem Leckbach, da standen drei Rudel auf den Reißen, eins von zwölf, eins von sieben und eins von fünfzehn Stück. Kapitalgemsen und eine Menge Kitzgeißen dazwischen.«
»Und keine Böcke?«
»Nachher hab' ich in die Delpz* nur so von oben hinein geschaut, da standen dicht unter der Wand drei Kapitalböcke – einer schußrecht; und unten drin war ein Rudel von elf Stück – und noch zwei Böcke.«
Des Herrn Augen leuchteten.
»Also es gibt Gemsen?«
»Ich sollt's meinen«, sagt Rainer mit vergnügtem Gesicht. »Und besonders viel Kitzen hab' ich gesehn. Der Weinseisen hat auch gestern zwei starke Rudel an der Luderstauden gespürt, und einen mordsmäßig starken Bock gesehn. Er soll Krickeln aufgehabt haben so hoch, und der Bart hat ordentlich im Wind geweht.«
»Wo war das?«
»Gleich dort oben auf dem Roßkopf.«
»Das ist der alte Bursch«, lacht der Jagdherr, »der uns schon drei Jahre zum Besten gehabt hat; der ist zu schlau, den bekommen wir nicht.«
»Vielleicht fallirt's ihm doch einmal«, sagt Rainer, eins seiner schwarzen Frack-Worte riskierend.
»Nun, und drüben am Grasberg? – An der Fleischbank oben und in den Gräben?«
»Gemsen sind überall«, lautet die Antwort, »man sieht sie aber da herum nur selten, weil sie in den Dickichten drin stecken.«
»Hast Du am Waldeck etwas gespürt?«

* Ein Teil der Hinterriß

»Leer ist's nicht«, weicht hier Rainer vorsichtig aus, denn wahrscheinlich wird dort morgen zuerst gejagt, und er möchte nicht gern zu große Erwartungen wecken, obgleich er auch dort Gemsen gesehen hat.
»Und drüben am Heimjoch, in der Laures und am Blunzjoch drüben?«
»Das ist ein Hauptplatz«, sagt Rainer. »Der Wastel ist vorgestern mit dem großen Ragg drüben gewesen. – Am Eiskönig soll's ordentlich lebendig sein.«
»Also auf dieser Seite sieht's gut aus, und wie steht's drüben? Ist das Pirschhaus im Laritter Tal fertig?«
»Sie hämmern noch drüben«, meint der Gefragte etwas kleinlaut, »soll aber heute oder morgen fertig werden.«
»Und im Leichwald; am Falken?«
»Da wimmelt's«, versichert Rainer. »Am Falken – das gibt ein Haupttreiben, da stehn wenigstens 200 Gemsen.«
Der hohe Herr zieht ein bedenkliches Gesicht und schüttelt den Kopf, Rainer aber, durch den Zweifel gekränkt, fährt eifrig fort: »Hocheit sollen mir den Hals abschneiden, wenn's nicht wahr ist.«
Da von dem Anerbieten für jetzt noch kein Gebrauch gemacht wird, ergeht er sich dann in näherer Beschreibung des Terrains und der dortigen Rudel, die allerdings das Außerordentlichste verspricht. Beiläufig muß ich aber hier nur bemerken, daß statt der 200 versprochenen Gemsen, nur sieben darin waren. Rainer erwähnte dabei nichts weiter von seinem Hals.
»Und wie steht's mit dem Rotwild?« geht nun die Frage auf den anderen Zweig der Jagd über, der allerdings jetzt nicht zur Ausübung kommt, da die Jahreszeit für die Hirsche schon zu weit vorgerückt ist, und diese schon fast sämtliche abgebrunftet haben.
»Drüben am Roßkopf haben zwei starke Hirsche noch gestern geschrien; an dem Leckbach drei. – Hirsche hört man überall, und Wildbret spürt sich auch überall auf den Pirschwegen.«
»Aber viel eingegangen ist doch im letzten Winter?«
»Acht Stück sind im ganzen gefunden worden«, lautet die traurige Bestätigung, denn der Winter war gar zu streng, der Schnee zu tief und dauernd, und das arme Wild hat nicht dagegen ankämpfen können. Starke Hirsche selbst wurden, im Schnee stehend, tot

Das Jagdschloss.

Lith Inst. v. L. Sachse & Cº Berlin.

entdeckt, und auch viel Rehwild war eingegangen. Rehwild hält sich überhaupt nur spärlich in den Bergen.

»Und was machen wir morgen?« lautet jetzt die Frage – »was hast Du Dir gedacht?«

»Nun ich hab' mir gedacht, wenn Hocheit vielleicht morgen oben auf die Fleischbank oder auf den Waldeckelgraben naufgehen würden, leer ist's nicht, und schießen täten's gewiß; davon bin ich beinah ganz überzeugt.«

»Und wie wollt ihr's treiben?«

»Ich hab' so gedacht, daß der Wastel mit zwei Jägern, dem Weinseisen mit dem großen Ragg vom unteren Pirschweg den Graben heraufsteigen und sich nur manchmal sehn ließen und ich mit dem Martin dann die Wand von drüben herein brächte.«

»Und ich soll mich dann oben an den Graben stellen?«

»So war meine Meinung. – Wenn Hocheit was Besseres wissen?«

»Und da treibt ihr mir die Gemsen ruhig in den Seitengräben hinauf; denn daß ihr sie nicht bis oben hin bringt, wißt ihr, und ich stehe zum Spaß dort zwei oder drei Stunden lang.«

»Wenn's da nicht wenigstens vier, fünfmal schießen, sollen sie mir den Hals abschneiden«, erbietet sich Rainer zum zweiten Mal leichtsinnigerweise – »die anderen Schützen stellen wir dann an der hervorderigen Seite oben und unten hin.«

»Nun gut«, sagt der Herr resigniert, »dann kommen die Herren wenigstens zum Schuß, ich aber stehe zur Abwehr da oben. Du wirst sehen.«

Rainer macht eine halb verzweifelte, halb unglückliche Gebärde über das schmerzende Mißtrauen, schweigt aber. – »Sonst noch etwas?«

»Draußen« sagt Rainer, der überhaupt dem Gespräch eine andere Richtung zu geben wünscht, »steht der neue Jäger von der Au. Hocheit haben ihn hierher beordert, und er wünscht untertänigst den Grund seines Daseins zu wissen.«

»Er soll nur kommen«.

»Rainer ist entlassen, und gleich darauf tritt ein anderer erst kürzlich einberufener Jäger aus den entfernteren Tälern mit einer kurz abgeknickten Verbeugung herein und bleibt nicht etwa schüchtern an der Tür stehn, sondern geht gerade auf seinen Herrn zu. Sein Gesicht ist offen und freundlich. »Nun, Johann, wie steht es bei Euch da drüben?«

»Gut«, sagte der Mann mit einem kurzen, ihm eigentümlichen Kopfnicken, indem er seinen Hut in der Hand rasch herumdreht – »es schaut gut aus mit den Gemsen.«

»Sind starke Rudel drüben?«

»Nun ja«, nickt der Jäger und lehnt sich mit dem Ellbogen zutraulich auf die hohe Lehne desselben Stuhles, auf dem der Herr sitzt. Dieser lächelt still vor sich hin, läßt aber den Mann gewähren. Es ist ein braver Bursch und wenn er die Sitte draußen im Land nicht kennt, weiß er dafür desto besser in seinen Bergen Bescheid. »Es gibt schon hübsche Rudel drüben und besonders viel Kitzgeißen das Jahr.«

»Und der Winter hat ihnen nichts getan?«

»Fast nichts«, lächelt der Jäger kopfschüttelnd, »wenn nicht einmal eine oder die andere von einer Lawine erwischt worden ist – im übrigen hat's keine Not.«

Es folgt jetzt ein ausführlicher, ziemlich befriedigender Bericht des dortigen Gems- und Wildstandes, und der Jäger wird endlich wieder freundlich entlassen.

Die Nacht ist jetzt weiter vorgerückt, und die heutige noch ungewohnte Anstrengung in der reineren Bergluft macht auch ihr Anrecht geltend. Plötzlich der Ruf »da schreit ein Hirsch!« von draußen, halbflüsternd aber doch laut genug herein.

Wir treten hinaus vor die Tür. – Wie still die Nacht hier auf den Bergen liegt. Nur das Rauschen des Stromes tönt herauf, und das einzelne Zirpen einer Grille mischt sich in das leise heimliche Flüstern und Rascheln der Zweige. – Drüben liegen in schweigender Majestät schwarz und düster die mächtigen Bergrücken wie schlummernde Riesen; kein Laut weiter unterbricht die Totenstille.

»Huh – a – h!« tönt da langsam und faul, aber tief und gewaltig der Brunftschrei eines starken Hirsches weit aus dem unten liegenden Tal herauf.

»Das ist ein braver Hirsch«, geht der leise geflüsterte Ruf. »Da ist noch einer«, ruft Martin, als drüben vom Roßkopf herüber ein anderer, schwächerer herausfordernd antwortete. Wie wunderbar das in dem stillen Gebirge klingt; wie seltsam feierlich und doch so

wild. Das ist Musik für den Jäger, das zittert durch die Nerven und macht das Herz rascher schlagen.
Jetzt ist wieder alles still – da, noch einmal tönt der Ruf herauf, aber weiter nach rechts. Der alte Bursch unten hat die Herausforderung angenommen und zieht hinüber nach dem andern Hang, den Gegner zu bekämpfen oder zu vertreiben. Nun ist alles ruhig, nur die Grille zirpt fort, und der Bergstrom unten rauscht sein volltönendes brausendes Lied durch die stille Nacht.
Es ist überhaupt ein eigentümliches Gefühl, das den aus dem unteren Land heraufgekommenen Jäger die erste Nacht erfaßt – diese ungewohnte heilige Stille der Natur. Kein Wagenrasseln, kein Nachtwächterruf, kein Glockenschlag, kein lauter Tritt, der durch öde Straßen hallt – es ist alles Frieden und Ruhe. Nur das leise Flüstern des Windes legt mit sanftem, wohltuendem Finger den Schlaf auf unsere Augen – und wie gut schläft sich's in den Bergen.

Aufbruch zur Jagd

Draußen schlägt der Hund an. Der langsame Schritt eines Jägers auf dem Steinboden wird laut; durch das verhangene Fenster dringt der erste dämmernde Schimmer des jungen Tages. Frisch und stärkend schlägt die kühle Morgenluft in das weit geöffnete Fenster und dort...? Träume ich denn noch oder wach' ich? Kann das wundervolle Bild, das dort, den staunenden Blicken ausgebreitet in all seiner Pracht und Herrlichkeit liegt, Wahrheit – Wirklichkeit sein?

Gerad gegenüber, und hoch in die reine duftige Morgenluft hinein, ragen die grauen lichtumflossenen Kuppen des großen Falken. Rechts hebt der Stuhlkopf sein breites mächtiges Joch, und tief da unten, weit zwischen beiden hinein und im Hintergrund von einer schroffen wallartigen Wand, dem Karwendelgebirge begrenzt, zieht sich ein tiefes grünes Tal, in das der Schöpfer zu dieser frühen Morgenstunde all seine wunderbarsten Farben und Schatten, von all der zauberhaften Pracht der Alpenwelt übergossen, hineingeworfen hat.

Vom Karwendelgebirge nieder springt der Johannisbach wie ein silberschlängelnder Faden zwischen dichtem Waldesteppich durch, der rechts und links in leichten, wellenförmigen, selten schroffauflaufenden Hügeln die Seitenwand erklimmt. Kleine saftgrüne Grasflächen, hie und da mit Spuren hineingestreuter Hütten und Einfriedungen, sind dazwischen sichtbar, und über dem Ganzen liegt ein leichter, durchsichtiger blauer Duft, der in dem dunklen Grün der Tannen über dem Silber des Baches, über dem Lichtgrau der in die Wälder hineinragenden Reißen seine Schattierung wechselt, während klar und schroff die hohen nackten Kuppen und Joche der umschließenden Gebirge dies wunderbare Meer von Licht und Farbenpracht überragen. Jetzt plötzlich erglühen die Gebirgsfelsen in dem ersten Strahl der aufgehenden Sonne, während ihre Zacken in ganz fremdartigem Licht und Raumtäuschung die weiten Schatten werfen; und unten im Johannistal zittert, von den oben hellerleuchteten Wänden reflektiert, ein mattes rosiges Licht über das bläulich dunkle Grün der Waldung, das gegen den fremden Schimmer anzukämpfen scheint. In der

Natur ist alles Harmonie. In wenigen Minuten ist das Ganze zu einem Rosenduft verschmolzen, in dem die tiefe Landschaft glühend liegt. Wie aus dem Grund heraus heben sich dabei die dunkleren Schatten der Waldung mit ihren eingerissenen und jetzt weit schärfer hervortretenden schwarzen Schluchten und Spalten; klarer schneidet sich der silberhelle blinkende Bach heraus, auf dem das Auge jetzt schon die kleinen schneeweißen Schaumwellen erkennen kann. – Der Rosenhauch geht in einen helleren, lichteren Duft über, und wie die Sonne drüben hinter dem Sonnenjoch emporsteigt und ihre Strahlen hell und mächtig in die Täler wirft, schwinden die zitternden Tinten der Morgenluft in ihrem Schein und es ist Tag.

Heiliger Gott, wie ist deine Welt so schön und reich, daß du selbst in die geheimsten Schluchten dieser Erde solch wunderbare Pracht gestreut. Worte fehlen da solcher Allmacht gegenüber; wie die Lerche draußen im Land wirbelnd ihr frohes Dankgebet zum Himmel trägt, wie der duftende Baum sein Weihrauchopfer haucht, wie die Berge, im Wiederglanz des himmlischen Lichts höher und freudiger erglühn, so bringt die zitternde Träne im Menschenauge, bringt das jubelnde Herz in Menschenbrust dem unerkannten Wesen über uns seinen stillen Dank entegen. Und doch vergessen ist im Nu die vor uns ausgebreitete Pracht und Herrlichkeit.

»Da drüben steht ein Hirsch!« ruft mit seiner heiseren Stimme Martin, der ein Auge wie der Falke hat – »und dahinter noch zwei Stück Wild!« Zu gleicher Zeit zieht er das immer händige Perspectiv hervor und richtet es nach dem Hang des Roßkopfs hinüber, der in einer Entfernung vor uns liegt als ob ihn eine Büchsenkugel leicht erreichen müßte.

Vergebens aber sucht das Auge, noch nicht an diese Lichttäuschung in der Ferne gewöhnt, durch die offenen Blößen des dort ziemlich lichten Waldes nach dem gemeldeten Wild. Nirgends läßt sich auch nur das geringste Lebendige erkennen.

»Dort weiter oben steht auch noch ein Alttier mit einem Schmaltier, und links davon ein Sechsender. Donnerwetter, ist das da unten ein starker Hirsch!« murmelt Martin dabei vor sich hin, indem er durch sein ausgezogenes »Bergspectiv« (wie es die Tiroler nennen) hinüberschaut.

»Aber wo, um Gottes willen?«
»Gerad dort drüben auf der offenen Stelle; dicht neben der umgefallenen Tanne, wo der gelbe Fleck im Boden ist – gleich links darüber.« –
Der gelbe Punkt? – wenn man nach einem Kaninchen ausgeschaut hätte, würde man etwa ein lebendes Wesen von der Größe in der Entfernung erwartet haben, aber jetzt ist das ein starker Hirsch, zehn- oder zwölfendig, der dort ruhig an der Lanne im Walde äst und nur manchmal nach den nicht weit über ihm stehenden Tieren aufäugt. Jetzt wird der Blick auch erst auf die verhältnismäßige Größe der Bäume aufmerksam, die da drüben wie zierlicher Nipptischschmuck, trotz der Entfernung in der reinen Luft mit jedem kleinen ausgezackten Zweig fast sichtbar, stehn. Erst wenn man zu ihnen hinübersteigt, wachsen sie zu mächtigen Stämmen an. Das Wild äst indessen langsam in die Dickung hinein, wird wieder auf einer kleinen Blöße sichtbar und verschwindet endlich in den Latschen. Aber die kostbare Zeit verschwindet ebenfalls, und rasch wird das leichte Frühstück eingenommen, das, nur ein kleines Intermezzo draußen, nicht etwa stört, sondern eher noch würzt: Der rote Schweißhund, Pirschmann, von guter tüchtiger Rasse – ob aus mißverstandenem Eifer oder Langeweile – hat den etwas

primitiv angelegten Keller auf seiner nächtlichen Runde entdeckt, und der dort niedergelegte Kern eines gekochten Schinkens war verschwunden. Prischmann leugnete allerdings hartnäckig oder weigerte sich wenigstens, und Rainer, dem die Überwachung der Hunde übertragen, bekam vom Mundkoch die von ein oder dem andern verdiente Nase.

Aber keine Zeit ist's mehr für solche Dinge. Die Jäger stehn draußen gerüstet, den Bergsack auf dem Rücken, den Stock in der Hand, die Büchsflinte über der linken Achsel; die Sonne scheint voll auf die markigen malerischen Gestalten, auf die offenen, treuherzigen und oft doch so verschnitzten Züge, und geduldig harren sie des Zeichens zum Aufbruch. –

»Und nun vorwärts!« ruft der Herr der Jagd, der in der leichten Jägertracht, den Bergstock in der Hand, eine einfache, graue, sehr leichte Mütze trägt. Die Jäger reißen, als er an ihnen freundlich grüßend vorübergeht, rasch die Hüte herunter, und während er den schmalen Pirschpfad voranschreitet, folgen mit so wenig Geräusch wie möglich die übrigen Schützen und Jäger in bunter Reihe und echt indianischem Marsch. Einer hinter dem andern. – Bietet der schmale Weg doch oft kaum Raum für den einen Fuß.

Langsam windet sich so der Zug bergauf. Der Tiroler Jäger – und überhaupt der Alpenjäger – hat einen langsamen aber steten Schritt; den aber behält er bei, ob er eine sanfte Auhöhe oder eine steile Wand ersteigt. Ruhig setzt er Fuß vor Fuß, der Brust dazwischen Zeit zum atmen lassend, aber er rastet nie. Wenn er nicht pirschen geht, wo die ganze Jagd nur im Vorschleichen und wieder Halten und Umheräugen und Lauschen besteht, fällt's ihm nicht ein, sich auszuruhn, er müßte denn eine schwere Last mit sich tragen. Die echten Bergsteiger haben auch alle einen etwas vorwärts gebeugten Gang aber desto sichereren Schritt, und Schwindel kennen die Leute nicht. Sie wandern auf ihren schwindelnden Bergpfaden und an den hängenden Wänden so sicher hin wie der Bewohner des flachen Landes auf seinen breiten Straßen. Der Gefahr müssen sie aber doch stets ins Auge sehen; der Tod lauert auf sie in mancherlei Gestalt und Art, und weil sie das wissen und ihm doch begegnen, deshalb ist auch ihr Blick so frei und offen, ihr Schritt so fest und keck und männlich.

Jetzt haben wir den oberen Pirschpfad erreicht und von der Stelle, an der wir einen Augenblick halten, sehn wir das vor einer halben Stunde etwa verlassene Pirschhaus wie ein kleines aus Marzipan gebackenes Zuckerwerk tief hinter uns im Schatten der Bäume liegen. Hell schimmert das Dach aus der dunklen Umgebung vor, und heller noch jener schneeweiße Punkt, der sich daneben zeigt. Es ist der Mundkoch, der, mit seiner weißen Jacke, Schürze und Kappe vor seiner Tür stehend, die Jäger noch mit den Blicken am Berggelände suchen will. Aber die erd- und steinfarben gekleideten Gestalten sind lange aus seines Auges Bereich und ihre Umrisse verschwimmen mit dem Boden, auf dem sie stehn.
Wieder wechseln hier die Bilder von Berg und Schlucht um uns her, aber das Auge forscht jetzt nach anderem Ziel: Gemsen.
Über den Weg laufen die Fährten eines ganzen Rudels, das hier vom Joch nieder dem vorderen Graben* zu gezogen ist. Die Jäger sehen die Fährten an und deuten mit der Hand auch wohl hie und da auf die besonders tief eingedrückten breiten Spuren eines alten Bockes; aber keiner von ihnen spricht mehr ein Wort. Wir sind hier im eigentlichen Gemsrevier. Spuren wie frische Losung zeigen überall die Nähe des scheuen Wildes, und der Klang der menschlichen Stimmen schallt weit auf diesen Höhen.
Aber nichts Lebendes zeigt sich noch. Hie und da hüpft in einem Latschenbusch einer der kleinen befiederten Bergsänger umher und lenkt den Blick der Vorüberschreitenden rasch und forschend auf sich. Nichts Lebendes, was sich im Sehkreis regt und überhaupt Bewegung hat, entgeht dem Auge der aufmerksamen Jäger. Fünfzigmal dabei getäuscht, sei es durch einen Vogel, eine raschelnde Maus oder einen losgebröckelten Stein, – er ermüdet nicht, und wieder und wieder sucht das Auge nach Leben und Bewegung hier im Wald, und die Hand greift unwillkürlich nach der Waffe.
Jetzt ist der Graben, der getrieben werden soll, erreicht, und in einem Dickicht – noch unter dem Rand, so daß in der Nähe sitzende Gemsen nicht die sich regenden Gestalten der Jäger auf dem Abhang erkennen könnten – bleibt der Herr stehn.

* Kleines, felsiges Tal

»Und wie wollt Ihr's nun machen?« lautet die mit unterdrückter Stimme an die herbeitretenden Jäger gerichtete Frage.
Rainer beginnt jetzt mit ebenso vorsichtig gedämpfter Stimme seinen Vortrag: Dort unten auf einem bezeichneten Felsenkamm, der den Schuß nach rechts und links hinein in die steile, lawinenzerissene Klamm erlaubt, an der und jener Wand, und dort und da sollen die Schützen stehn, und wenn die Treiber dann von dort und da herüberkommen, weiß Rainer genau, in welchem Graben, welch eingerissener Spalte und Klamm, die aufgescheuchten Rudel ihre Flucht hinnehmen müssen.
Jetzt werden rasch die verschiedenen Jäger als Treiber oder Abwehr nach rechts und links geschickt. Vorsichtig, auch das geringste Geräusch vermeidend, pirscht sich jeder zu dem angegebenen Stand. Den Bergstock verkehrt in der Hand, die eiserne Spitze nach oben, damit sie nicht zufällig vielleicht einen Stein berühre und durch den fremden Metallklang die Gemsen schrecke, mitten in die Latschen hinein, an deren Zweigen sich die rechte Hand anklammert – so schleicht der Schütze nieder. Hier benützt er einen kleinen Vorsprung, um durch einen Busch gedeckt den Überblick über einen vielleicht lichten Fleck zu bekommen, dort folgt er der ausgewaschenen Rinne eines jetzt trockenen Bergquells.
Da wird es plötzlich licht! – Dort, vor uns, liegt der Rand der Klamm. Und vor sich ab-äugend erst, ob nicht vielleicht ein einzelner alter Bock dort unten schußgerecht steht und durch längeres Zögern verscheucht werden könnte, sucht man sich einen zugleich gedeckten und doch freien Fleck, um den größtmöglichsten Raum in der Nähe überschießen zu können und nach verschiedenen Richtungen hin die Pässe und Wechsel zu beherrschen.

Das Riegeln

Trefflich für solche Lausch- und Anstandsplätze eignen sich die schmalen Ausläufer vorgeschobenen Gesteins, die gewöhnlich von beiden Seiten in die Ränder der Klammen hineinreichen und – bei nur wenigen Fuß Breite – den größten Teil der Klammen überschauen lassen.

Auf einer solchen wunderbaren, schmalen aber vollkommen sicheren Steinkulisse sitzen wir jetzt, der Leser und ich, und obgleich rechts und links ein tiefer Abgrund gähnt, haben wir doch nicht das Mindeste zu befürchten. Die den Armen eines Kronleuchters nicht unähnlichen zähen Latschenzweige ragen um uns her wie ein künstlicher grüner Schirm empor. Sie sichern uns vorm Absturz und dienen gleichzeitig als Versteck.

Nur eine Vorsicht muß der versteckte Jäger gebrauchen: nicht unvorsichtig auf die elastischen Zweige zu drücken, die durch ihr Auf- und Niederschaukeln dem scharfen Blick der noch so weit entfernten Gemse nicht lang verborgen blieben.

Was für ein wundervoller Platz das ist, über der wild zerrissenen zu Tal stürmenden Schlucht, von steilen, mit überhängenden Latschen überall besetzten Wänden fest und drohend eingeschlossen.

Der Graben, wie diese steilen Bergtäler genannt werden, bildet im Ganzen eine weite gewaltige Schlucht, wie denn auch der ganze breite Gebirgshang an der Südseite in solche Täler oder Gräben ziemlich gleichmäßig verteilt ist, während zwischen ihnen von oben nach unten laufende und dicht bewaldtete Abschüsse oder Hänge sie von einander trennen.

Die schroffen Wände, an denen kein fruchtbarer Boden halten kann, stehen da drinnen freilich kahl, und in den Schluchten, wo sich zur Regenzeit der Bergbach das reingewaschene ausgeschwemmte Bett gewühlt, kann auch kein Pflanzenleben gedeihen; aber die zähe Latsche dringt doch ein, wo sie's nur irgend möglich kann. Nicht allein auf den Nacken der Felsen hin kriecht sie und wirft ihre Zweige zwölf und sechzehn Fuß weit nach rechts und links bis über den Abgrund hin, nein, auch dort wo nur irgend eine Felsenspalte eine Hand voll von oben niedergeschwemmter Erde aufgefangen und gehalten, treibt sie ihren Samen, ihre Keime und

Schößlinge, die sich mit den festen Wurzeln klammern. Wo sich ein solcher Anhaltspunkt, und sei er noch so unbedeutend, bietet, findet man diese Büsche; die Nadelspitzen oft klein und kümmerlich, die Zweige dünn und kurz, aber immer fest und sicher in die Felspsalte eingeklemmt.
Ha – was war das? Ein zischender Pfiff, der von dort herüberschallt. Eine schreckende Gemse, der irgendwoher der verräterische Luftzug die fremde Witterung des Feindes zugetragen. – Und dort drüben? – Ein rollender Stein, der, von den scharfen Klauen eines aufgescheuchten Tieres losgestoßen, hinunter zu Tal die springende Bahn nimmt. – Aber zu sehn ist noch nichts, und der forschende Blick sucht rasch und mißtrauisch all die hundert kleinen Schluchten und Spalten ab, aus denen das ersehnte Wild im Augenblick herausfliehen kann.
Totenstille herrscht, da bricht ein Schuß von oben drohnend und donnernd ins Tal nieder und weckt das Echo in den Bergen von Wand zu Wand. Das war des Jagdherrn Büchse! Wie den Schall die gegenüberliegenden Gebirge jetzt wiedergeben und wie er sich prasselnd und schmetternd die Bahn hinunter bricht ins tiefe Tal. Und doch ist das hier in den Bergen so eigentümlich mit eben dem Schall, daß ein im Nachbargraben Stehender den Schuß vielleicht nicht einmal hören konnte.
Da poltert's und bricht's über das Felsgestein, ganz in der Nähe. Wie mit einem Messer sticht's bei dem Ton dem lauschenden Jäger ins Herz hinein, es bebt und zittert ihm durch alle Glieder. Und wenn er auch von Kindheit an die Büchse geführt und der Spur des Wildes gefolgt wäre – dem ersten, unwillkürlichen, fast krampfhaften Herzklopfen beim plötzlichen Erscheinen eines Stücks Wild, beim Rascheln oder Rauschen das seine sichere Nähe verrät, entgeht er nicht. – Aber es dauert nicht lange, und in der nächsten Minute schon muß er die alte Ruhe wieder erlangt haben.
Wie das dort rasselt und tobt durch die kleine Schlucht. Drunten heraus aus ihrer Mündung kollern und springen die losgegangenen Steine schon vor und den Berg hinab. Das muß ein ganzes Rudel sein. – Und richtig, dort in den Latschen zeigt sich plötzlich der schwarze Körper einer alten Geiß mit den weißen Backenstreifen und den hohen scharf umgebogenen Krickeln. Wenn sie allein

käme, könnte man sie recht gut für einen Bock halten. Aber ein Rudel wird meist, ja fast ohne Ausnahme, von einer alten Geiß geführt, oft der Stamm-Mutter des ganzen Trupps, die so, von Kindern und Kindeskindern gefolgt, den Berg durchzieht. Jetzt werden die andern auch sichtbar, leider außer Schußweite, denn das ganze Rudel ist wohl noch vier- bis fünfhundert Schritt entfernt.

Auf einem mit Latschen dünn bewachsenen Felsrücken tauchen sie auf, eine hinter der andern; jetzt eine braune Geiß mit schwarzem Rücken, das kleine munter springende Kitz an der Seite, jetzt ein junger zweijähriger Bock, der ernst und gravitätisch, wie er es von den älteren gesehn, eine Weile daherschreitet. Dann aber plötzlich, als er das munter seitwärts springende Kitz um sich her tanzen sieht, vergißt er die Gravität und macht mit den Hinterläufen einen Jugendsprung. Mehr und mehr Gemsen drängen herauf und bleiben Kopf an Kopf auf der kleinen Lichtung stehn, alle hinauf nach der Klamm äugend, von der der Schuß tönte. Ehe die Altgeiß weiter geht, denkt keins daran, sich von der Stelle zu rühren.

Von drüben herüber ist das Rudel gekommen, jedenfalls von dem Schuß aus sicherer Ruhe aufgeschreckt. Jetzt aber mag doch irgendein Geräusch der Treiber von dem scharfen Gehör der Leitgemse erfaßt sein, oder ihr Blick hat auch wohl die sich da unten regenden Gestalten, seien sie noch so weit entfernt, gesehn, ihre Nase die fremde gefährliche Witterung gefangen. Da unten ist's jedenfalls nicht recht geheuer, was es auch sei. Seitwärts an der Wand, auf der sie gestanden, niedertretend, läuft und rutscht sie halb die fast senkrechte Steinplatte hinab, an der sich, von hier aus wenigstens, nicht der geringste Anhaltspunkt erkennen läßt. Jedenfalls will sie schräg durch den Graben dem anderen Ausläufer zu; ihr aber folgen auch, ohne weiter zu fragen weshalb oder wohin, die andern Gemsen. Zuerst die Geiß mit dem Kitz, dann der zweijährige Bock, wahrscheinlich ein Herr Sohn vom vorvorigen Jahr, dann wieder zwei Kitzgeißen und nun ein starker Bock. – Wetter noch einmal, ob der Bursche nicht aussieht wie ein Wildschwein, als er da breitspurig und bequem den Pfad ohne die mindeste scheinbare Anstrengung hinuntergleitet. Wenn der zum Schuß herüberkäme, der wär recht. Jetzt folgen noch ein paar wahrscheinlich gelte*

* nicht tragend, unfruchtbar.

Geißen oder schwächere Böcke – es läßt sich von hier aus nicht so deutlich erkennen – dann wieder Kitzgeißen dazwischen, und zum Schluß noch ein alter Bock. Im ganzen ein Rudel von dreiundzwanzig Stück.

Jetzt ist alles wieder still; die Gemsen haben irgendeinen bewaldeten Hang angenommen und ziehen geräuschlos und gedeckt darin fort.

Es ist aber, selbst für den geübten Gemsjäger, gar nicht etwa so leicht, Geiß und Bock von einander zu unterscheiden, ja in der Ferne fast ganz unmöglich, wenn nicht die Geiß eben ihr Kitz als Legitimation mit sich führt. Die Farbe der Gemsen ist im Sommer lichter als im Winter und schmutzig, nur mit dem dunklen Rückenstreifen. Im rechten Winter werden sie aber ganz schwarz, und alte gelte Geißen die allein kommen, und oftmals gar starke, ansehnliche Krickeln tragen, sehn genau so aus wie ein Bock. Nur in der Nähe unterscheidet sie der längere dünnere Hals, wie auch der etwas zierlichere Kopf vom Bock. Ebenso stehn ihre Krickeln mehr parallel, während die Krickeln des Bocks gleich unten von der Wurzel aus etwas stärker sind und sich ein wenig auseinander biegen. Allerdings nur schwache Unterscheidungszeichen in der Ferne.

Links, dicht neben uns, flattert etwas – welch prächtiger gewandter Vogel sucht sich da sein Mahl an dem nackten Felsen? – Es ist ein Alpenspecht, der, mit den scharfen Klauen einkrallend in den Stein, die Flügel ausgespannt und wie zur Stütze an die Wand gestemmt, den Kopf zurückgebogen, auf und ab, bald rechts bald links hinüberläuft und blitzschnell mit dem nur leicht gebogenen spitzen Schnabel in Ritz und Spalte fährt, Käfer und kleineres Gewürm daraus hervorzuholen. Und welche Pracht in dem Gefieder! Der ganze kleine Bursch ist in seiner Haupt- und Grundfarbe schön stahlgrau mit schwarzem Kopf und dunklen Streifen auf Schwung- und Deckfedern; über die zierlichen Flügel aber läuft ein rosenroter Streif, in dem Grau verschmelzend, wie an den Schwingen des Weinvogels, jenes zierlichen Nachtfalters, und die kleinen schwarzen Augen schauen so scharf, so klug umher. Ist er so wenig furchtsam, daß er den nur einige Fuß von ihm kauernden Jäger gar nicht scheut? – Ja, der rührt und regt sich nicht, und sitzt da wie hineingewachsen in die Latsche. Die erste Bewegung freilich – was war das? – und dort flattert auch schon der Alpenspecht zur Seite. Aber was kümmert uns jetzt der? Gerade da drüben in der schmalen Klamm, die aus dem Walde niederführt, rollte ein Stein; dort unten springt er vor und da – wieder der Stich ins Herz – da drüben auf der nächsten Felsenspitze, auf einem Raum, den ich mit der Hand bedecken könnte, steht ein schwarzer etwa drei- oder vierjähriger Bock, den klugen Kopf mit dem weißen Backenstreif nach unten gedreht, wo in diesem Augenblick ebenfalls eine Kitzgeiß sichtbar wird.

Wie krampfhaft faßt die Hand den Büchsenkolben, sucht der Zeigefinger der rechten Hand den Drücker, der Daumen den Hahn. Geräuschlos wird er gespannt, langsam – durch keine rasche Bewegung den Blick des aufmerksamen Tieres hierherzulenken – hebt sich der Lauf, Korn und Visier rücken zusammen.

»Pest!« murmelt der Jäger leise zwischen den zusammengebissenen Zähnen durch und er hat Ursache, denn oben auf dem Lauf, gerade vorn auf dem Korn, von dem blitzenden Metallpunkt vielleicht

angezogen, schaukelt sich ein kleiner zierlicher gelber Schmetterling. Er will nicht wanken und weichen.
Noch steht der Bock da drüben und die Gemse unten interessiert ihn mehr als irgendein Geräusch. Mit unzerstörbarem Ernst schaut er nieder auf das spielende Kitz und die lauschende Geiß.
Langsam und vorsichtig hat der Jäger indes die Büchse zurückgezogen, bis er mit dem Korn den nächsten Latschenbüschel erreichen kann. Der Schmetterling weicht den drohenden Stacheln des grünen Busches aus und flattert talauf; wieder richtet sich das Rohr dem heißersehnten Ziel zu.
Da – hat sein Auge irgendeinen verräterischen rückschlagenden Sonnenstrahl von dem blanken Lauf gefaßt? – wirft der gefährdete Bock rasch den Kopf empor und die klugen Augen haben im Nu den Ort der wirklichen Gefahr erkannt – aber zu spät. Korn und Visier schmelzen gerade auf dem Blatt der wenig mehr als hundertzwanzig Schritt entfernten Beute zusammen; der Finger berührt den Stecher – und die Kugel schlägt ihm das Rückgrat über dem Blatt entzwei. Vergebens sucht der Bock sich mit den scharfen Läufen in den abschüssigen Boden einzukrallen, die Steine rollen unter ihm fort; halb fällt er, halb rutscht er nieder. Während ihm das Geröll polternd folgt und, über ihn wegspringend, dem nächsten Abhang zufliegt, erreicht er unten den ersten festen Halt – Steinblöcke, die Lawine oder Bergstrom da nieder geschmettert – und sucht noch einmal dort sich aufzurichten. Vergebens; seine Kraft ist gelähmt, sein Lauf in diesen Bergen beendet. Und während der rote Schweiß den Boden um ihn färbt, bricht er stöhnend zusammen.
Aber an ihm vorbei fliegt die Kitzgeiß, den offenen Weg zur Flucht nach unten nicht benützend. Zwar ist sie sicher vor des Schützen Rohr, denn keine Kitzgeiß wird in der echt weidmännisch betriebenen Jagd geschossen, aber was scheucht sie denn auf einmal dort hinauf? Hat sich der Schall des Schusses in den Bergen, was oft geschieht, so gebrochen, daß sie die Gefahr da unten wähnt, während sie hier oben in der Nähe des Feindes droht? Oh nein, das scheue Tier weiß recht gut vor wem es flieht, denn über die Steine unten, über Geröll und Felsenblock hinwegspringend, so rasch fast wie der Bock selber früher sprang, der dort verendend liegt, kommt ein Jäger herauf aus der steilen Schlucht.

Den Bergsack auf dem Rücken, die Büchse über der linken Schulter, den Bergstock zum Springen über Spalte und Stein gebrauchend – so gleichzeitig mit dem Raben seiner Berge, der den Geruch des Blutes gewittert und mit raschem Flügelschlag krächzend herbeistreicht, erreicht der Jäger das verendende Tier.
Büchse, Hut und Bergstock drückt er gleich darauf neben sich auf die Steine, das Messer fliegt aus der Scheide, und die sich krampfhaft streckende Beute stöhnt unter dem Gnadenstoß.
Aber zu gleicher Zeit fast greift die eine Hand auch nach dem »Bart« des verendenden Bocks, zieht die langen, mit weißer Spitze versehenen Rückenhaare rasch und geschickt heraus, soweit sie sich zum Hutschmuck eben brauchen lassen, nimmt dann ein altes, schon mit früherem Schweiß beflecktes Stück Papier aus der Tasche,

Lith. Inst v L. Sachse & C° Berlin.

Treiber an einer Wand.

Lith. Inst. v. L. Sachse & C° Berlin

Die Berathung.

wickelt sie da sorgfältig hinein und birgt das in seiner Brusttasche. Jetzt erst geht er an das Geschäft des Aufbrechens, um die Gemse dann später in dem rasch abgeworfenen Bergsack mit hinaus aus dem Graben zu nehmen.

Der Bursch da unten ist aber eine der interessantesten Persönlichkeiten unter sämtlichen Jägern. Klein und fast schmächtig von Gestalt ist er trotzdem von zähem, nervigem Körperbau; man munkelt, daß er früher, wie er jetzt einer der besten, wenn nicht der beste Jäger des Reviers ist, auch einer der berüchtigsten Wildschützen gewesen sei. Jedenfalls kommt ihm keiner der übrigen gleich im Fallenstellen für alles mögliche Raubzeug, vom Jochgeier nieder bis zum kleinen Wiesel.

Niemand lockt wie er Hasel-, Stein-, Schneehuhn und Birkwild. Keiner fängt die Schnepfen und andere Strichvögel so geschickt in Schlingen. Auch alles was man lebendig verlangt, liefert er – wohl nicht gleich, denn solch Ding erfordert Zeit – aber mit der Zeit gewiß und sicher.

Wenn man von oben die kleine unansehnliche Gestalt betrachtet, kommt's einem auch wohl unwahrscheinlich vor, daß das der grimmste und gefährlichste Feind sein sollte, den die schlauen und scheuen Tiere der Wildnis hier in den Bergen, in ihrem eigenen

Reviere hätten; sowie er aber den Kopf nur umdreht glaubt man's ihm. Der ganze Schnitt des Gesichts ist schon dem Adler gleich, das Auge nicht groß aber lebendig und rastlos, nicht einen Moment an ein- und derselben Stelle haftend. Die Augenbrauen sind dabei hoch heraufgezogen und wie durch das stete Horchen und Wachen so stehn geblieben. Der kleine Ragg, wie er zum Unterschied von seinem Vetter, dem großen Ragg heißt, sieht aus, als ob er nicht einmal im Schlaf die Augen schlösse.

Das Treiben am Joch

Mit dem Riegeln – wie diese Art Treiben genannt wird – ist's jetzt vorbei. Dort drüben pfeift noch einmal eine Gemse, die wahrscheinlich den Wind von einem der andern Treiber bekommen hat. Platz genug hat sie indessen zur Flucht und sie bringt sich auch rasch in Sicherheit. Wieder hinauf klettern wir jetzt, von dem schmalen Steinkamm bis hinüber zum Waldeshang, denn hinunter zur erlegten Gemse könnte wohl kaum eins der scheuen Tiere selbst, so schroff und jäh läuft da der Fels hinab. Ragg wird sie schon hinauf zum Sammelplatz schaffen.
Aber auch selbst das Aufklettern geht nicht so rasch, denn bist Du ein einziges Mal durch die Latschen aufwärts gestiegen, Freund, dann weißt Du auch, was das Ding zu sagen hat. Die zähen elastischen Zweige liegen alle nach unten, eine Strecke erst am Boden oder einen Fuß darüber hinlaufend und dann wieder in die Höhe biegend, daß sie die Büschel an den Spitzen der Zweige gerade und aufrecht tragen. Ineinander greifen sie dabei, und wenn auch die schlanke Gemse leicht hindurch schlüpft, so bleibt doch der

Jäger mit seiner Büchse über der Schulter, mit dem Bergstock in der Hand, mit Hut und Rock und Riemen alle Augenblick darin hängen. Noch schlimmer ist es da, wo dürre Äste mit dazwischen liegen; ein Durchkommen wird da fast zur Unmöglichkeit oder muß Zoll für Zoll erzwungen werden.

Und dennoch ist es, wenn nicht leichter, doch jedenfalls sicherer in den Latschen bergauf als abwärts zu klettern. Die zähen Büsche hängen über alle Abgründe weit hinaus, und wollte man rasch zwischen ihnen niedergleiten, da sich die weichen Zweige dem nach unten Hindurchdrängenden aus dem Wege biegen, wäre man jedem Augenblick der Gefahr ausgesetzt, ganz gemütlich vielleicht in eine fünf- bis sechshundert Fuß tiefe Schlucht hineinzufahren.

Als ich den Sammelplatz endlich erreichte, hatten sich, den kleinen Ragg ausgenommen, der noch mit seinem Gemsbock irgendwo unten im Graben war, schon sämtliche Treiber und Herrn versammelt.

Wie wundervoll die Wildnis um uns liegt. Dort drüben hebt der große Falke sein riesiges Haupt empor, während die gewaltigen Tannen an dem gegenüberliegenden Hang so niedrig aussehen wie kleine zierliche Büsche. Unter uns gähnt eine wilde Schlucht tief in den Graben nieder, der hier scharf und abschüssig viel hundert Fuß wohl jäh hinunter sinkt. Auf einem Felsenvorsprung aber, der weit über den dunklen Abgrund hinausragt, die Büchse über der Schulter, den Bergstock in der Hand, steht unser Jagdherr, und neben ihm demonstrierend und erzählend der große Ragg, während sich Rainer etwas kleinlaut hinter diesen gedrückt hat.

Die anderen drei Jäger, von denen der eine den vom Herrn erlegten starken Bock im Bergsack trägt, stehen etwas weiter zurück.

»Und Ihr seht jetzt, daß ich recht hatte«, sagt dieser, »die starken Rudel, die von unten kamen, haben alle mit einander gar nicht daran gedacht, bis zu mir herauf zu klettern, sondern sind, wie sie das jedesmal tun, seitwärts ausgebrochen. Haben Sie etwas geschossen?«

»Einen Bock« –

»Nun ja, ich auch einen, und die andern Freunde sind gar nicht zum Schuß gekommen, während wenigstens vierzig Gemsen in dem Treiben waren.«

Rainer spricht kein Wort, Ragg hingegen, der, ganz ungleich seinem Vetter, nie eine Gelegenheit vorüber gehn läßt, seine Meinung, lebhaft dabei gestikulierend, zu sagen, will sich auf eine nähere Beschreibung des Treibens einlassen. Diesmal aber wird er unterbrochen, das zweite Treiben wird rasch besprochen, und fort geht's wieder, die steilen Höhen hinan, ein Treiben an der Nordseite des Jochs, im sogenannten Ochsental zu machen, wo nur ein paar gezwungene Wechsel den Gemsen bleiben, sich zu retten und die schützenden Dickichte wieder zu erreichen.

Ein wilder rauher Marsch war das jetzt, den steilen Hang hinauf; bald in überbiegende Latschen hinein, bald an steilem Felsgeröll emporklimmend, einer hinter dem anderen her.

Der Stock nützt dabei gar wenig und ist oft nur im Weg; die Latschenzweige sind dagegen treffliche Hilfen und oft, wenn ein lockerer Stein losbröckelt, schützt die rasch ergriffene Latsche den Steigenden vor einem bald mehr bald weniger gefährlichen Fall. Unverdrossen aber, nur das Ziel – die Höhe – im Auge, wird jede Schwierigkeit besiegt, und nach drei Viertelstunden schweren Steigens etwa ist endlich das ersehnte Joch erreicht.

Bald ist hier alles besprochen, die Schützen sind verteilt, die Treiber, die sich auf den kahlen Felsen an bestimmten Punkten nur zu zeigen und ein paar Steine hinab zu werfen haben, sind abgegangen. Jeder hat sich, so gut das eben auf dem offenen Terrain gehen will, hinter irgendeinen Felsblock, einen einzelnen Latschenbusch oder eine sonstige Erderhöhung gedrückt.

Da rasselt's da drüben an der Wand, Steine rollen und kleine dunkle Punkte, nicht größer wie Ameisen, springen blitzschnell über die lichten Wände hin.

Mit dem Fernrohr, nach Büchse und Bergstock das wichtigste Instrument für den Gemsenjäger, suchen die Schützen indessen das Terrain, das sie übersehn können, ab. Unerwartet kann ihnen hier überhaupt kein Wild kommen, denn der steinige, rauhe Boden verrät es schon auf größere Entfernung. Da drüben ist ein dunkler Punkt an der nämlichen Wand, über der der erste Treiber sichtbar wurde. Richtig – es ist ein alter Bock, der sich hier unter einen Felsvorsprung gestellt hat, nach unten hin aufmerksam die springenden Gemsen betrachtet und nach oben ganz erstaunt hinauf

horcht, woher auf einmal all die großen dicken Steine kommen, von denen er freilich, g'rad wo er steht, wenig zu fürchten hat.
Da und dort wird es jetzt lebendig. Über den tiefen Talgrund des weiten Felsenkessels springt das stärkste Rudel grade dort hinauf, wo der fürstliche Jäger, die Büchse im Anschlag, fest hinter einen hohen Stein gedrückt, steht. Näher und immer näher kommen sie hinan; der Wind schlägt auf und sie wittern nicht die Gefahr, der sie sich nahen. Prachtvoll sieht es aus, wie die dunklen schlanken Tiere an den lichtgrauen Steinwänden hin- und aufwärtssetzen. Jetzt bleibt die Leitgeiß auf einer vorspringenden Zacke mit dicht zusammengeschobenen Schalen stehn und sichert umher. – Aber nicht lange braucht sie nach der vermuteten Gefahr zu suchen – der Treiber dort oben auf dem nackten Joch schwenkt den Hut nach ihnen hinüber; seine ganze Gestalt zeichnet sich scharf und rein gegen den blauen Himmel ab, und fort stürmen sie wieder, geschützten Platz zu erreichen und aus so gefährlicher Nähe zu kommen – die armen Dinger.
Jetzt setzen sie die Schlucht hinauf, an deren oberem Ende der Jagdherr steht. Kaum fünfzig Schritt an ihm vorbei springt das Leittier, hält einen Augenblick auf dem Kamm, sieht den neuen Feind, tut einen scharfen Pfiff und verschwindet an der andern Seite des Jochs.
– Und kein Schuß? – Noch eine Gemse und noch eine folgen ihr und jetzt – eine kleine blaue Wolke steigt hinter dem Felsen auf, jetzt noch eine. Zwei Gemsen sind schon lange zusammengeknickt und von der steilen Höhe niedergerollt, als der dumpfe Knall der Büchse sich erst donnernd an den Wänden bricht und in das Tal seine Schallwellen niederwälzt. – Wie die übrigen Tiere stutzen und schrecken – aber die Leitgeiß ist voraus, der müssen sie folgen, und nach drängt deshalb, trotz dem Schuß, der ganze Trupp, nur einen scheuen Bogen um die gestürzten Kameraden beschreibend.
Wieder steigt in zwei kurzen Stößen der blaue drohende Dampf empor, und wieder taumelt eine Gemse. Wild vorbei stürmen die entsetzten Tiere. Aber noch ist der Donner nicht verhallt, als aufs neue die tödliche Kugel ihr Opfer sucht. Sechsmal hat es aus den drei Doppelbüchsen gesprochen.
Und drei Gemsen liegen verendet auf dem Platz und schwer

verwundet schleppten sich zwei andere noch über das Joch hinüber, davon eine der Hund nach kurzer Suche in einem Latschenbusche antrifft und niederreißt. Die andere ward später verendet gefunden. Die übrigen Rudel brachen zwischen den Treibern durch, und nur der eine alte Bock war halsstarrig in seinem wohlversteckten Platz stehn geblieben, bis die Jäger ihn längst passiert hatten. Dann drehte er sich und verschwand plötzlich in einer der zahlreichen Spalten, wie in die Wand hinein.

Und nun der fröhliche Heimzug von der Jagd! Rasch sammeln sich die Jäger, guter Dinge, daß der mühselige Trieb gelungen; sie brechen das erlegte Wild auf und werfen es aus, tun sorgfältig das gesammelte Feist* wieder hinein, packen die Gemsen in ihre Bergsäcke, und heimwärts geht es jetzt, am Rücken des Jochs, auf einem ziemlich guten Pirschweg hin.

Ihr Tagewerk war aber auch kein leichtes, und wer ihnen zusieht, wie sie an den steilen Wänden hinlaufen, oft über Abgründen hängen, wo der geringste falsche Tritt sie rettungslos in die Tiefe schickte – denn ein Anklammern wäre da nicht mehr möglich – wie

* Das Fett des Wildes.

sie jetzt im Schweiß ihres Angesichts sich durch ein Latschendikkicht arbeiten, jetzt über das Geröll einer Reißen klettern und immer munter, immer vergnügt dabei, der muß die Leute wahrlich bewundern.

Und trotz der oft furchtbaren, jedenfalls höchst mühseligen Wege, die sie zu steigen haben, achten sie nicht bloß auf ihren schmalen Pfad, nicht bloß auf das Wild: nein, ihr Auge späht zugleich, sorglos um die Gefahr, die sie umgibt, nach dem spärlich und nur an den wildesten, rauhesten Stellen wachsenden Edelweiß, nach einer einzelnen, vom Sommer übrig gebliebenen Scabiosa, nach einem tiefblauen Enzian oder einer in dieser Jahreszeit sehr seltenen Alpenrose, um mit diesen Blüten, neben Spielhahnfedern und Gemsbart ihren Hut zu schmücken.

Der Bruch von einer Latsche an Mütze oder Hut ist heute das Siegeszeichen der gelungenen Jagd, und das Behagen erreicht den höchsten Grad, wenn abends die erlegten Gemsen am Pirschhaus oder der Almhütte, mit den Krickeln oben am Dach eingehakt, als wohlerworbene Trophäen hängen.

Die Pirsch

So prachtvoll eine solche Treibjagd ist, besonders wenn man von irgendeiner vorspringenden Stelle aus den größten Teil derselben mit dem dabei aufgescheuchten Wilde übersehen kann, soviel interessanter ist die Pirsch. Bei dem Treiben ist der Jäger vom Wild abhängig, ob es ihn gerade annehmen will; er darf seinen Stand nicht verlassen, um den ganzen »Bogen« nicht zu stören. Bei der Pirsch sucht er selber das Wild auf, und es hängt dann, allerdings neben vielem Glück, doch auch viel von seiner eigenen Geschicklichkeit und Umsicht ab, ob er zum Schuß kommen wird oder nicht. Hier in den Bergen ist die Pirsch freilich weit beschwerlicher und in mancher Hinsicht auch gefährlicher als im Walde unten, denn die alten Gemsböcke suchen sich am allerliebsten die rauhsten Wände in den Klammen aus, in die sie sich hineinstellen und von wo aus sie eine weite Strecke überschauen können. – Und dort muß sie der Jäger finden und beschleichen.

Für den Wildstand selber ist aber, besonders wenn eine gewisse Anzahl Gemsen geschossen werden soll, das Treiben weit besser als das öftere Pirschen. Beim Treiben wird ein Revier einmal durchgegangen. Dann ist wieder Ruhe. Kehrt die aufgescheuchte Gemse nach einigen Tagen auf ihren Stand zurück, so findet sie denselben gewohnten Frieden und bleibt.

Wird dagegen oft durch ein und denselben Platz gepirscht, so verjagt der Jäger, wenn er selber auch vielleicht gar nichts oder nur wenige Stück zu sehn bekommt und scheinbar ganz unbemerkt den Berg durchschlichen hat, doch viel Wild. Was Wind von ihm bekommt, flieht ängstlich. Und einen schärferen Geruchssinn als die Gemse hat wohl kein Säugetier weiter auf Erden.

Beim Pirschen hängt das meiste davon ab, früh aufzubrechen. Die Gemse äst morgens von Tagesanbruch an bis etwa um acht oder neun Uhr und tut sich dann bis ziemlich genau um zwei Uhr nieder. Erst gegen Abend beginnt sie wieder lebendig zu werden.

In der Brunftzeit, die bei kalter Witterung schon gegen Ende Oktober, bei warmer erst mit dem Monat November beginnt, läuft der Bock allerdings den ganzen Tag herum, äst dann aber nur sehr wenig und paßt außerordentlich auf.

Beim Pirschen ist es nun stets und unter jeder Bedingung am besten, ganz allein zu sein. Ein Mann macht schon beim Anschleichen Geräusch genug, und zwei verderben oft die Jagd. In den Alpen aber und auf vollkommen fremdem Revier, noch dazu für den Fall, daß etwas erlegt oder angeschossen wird, bleibt ein Begleiter ein notwendiges Übel. – Und doch ist es auch wieder eine eigene Lust, mit einem solchen Tiroler Gemsjäger im stillen Wald, in den wilden Bergen pirschen zu gehen. –

Diese vor allen anderen sind auch die einzigen und echten »deutschen Indianer«, nur daß sie Schuh und Kleider tragen. Abgehärtet gegen Frost und Hitze, wie nur ein Wilder sein kann, mäßig in ihrer Lebensart bis zum Äußersten, einfach in ihren Sitten, leidenschaftlich ihrer Jagd ergeben und darin Meister, was um Gottes willen könnte man von einem wirklichen Indianer mehr verlangen? Auch ihre Farbe ist nicht viel lichter als die einiger Indianer-Stämme und was ihre Sinne betrifft, so haben sie jene Wilden schwerlich schärfer. Nur im Anschleichen könnten sie von ihnen lernen.

Wie der Pfeil vom Bogen, und dabei geräuschlos wie die Nachteule auf ihre Beute stößt, so gleitet der Indianer, jeden nur irgend möglichen Vorteil des Terrains benutzend, über den Boden hin. Der Bergbewohner tritt fester auf, und sein Schritt, auch wenn er sich noch so viele Mühe gibt, leise zu gehen, ist dennoch schwer. Natürlich tragen da die schweren, eisenbeschlagenen Schuhe das ihrige dazu bei. Aber eine Wonne ist es, zu sehn, wie so ein Gemsjäger den Wind nimmt, wie sein Blick gleichzeitig über jede Blöße an den Hängen und über den Boden schweift, die Fährten zu beachten; mit welcher Aufmerksamkeit er dabei auf jedes Geräusch horcht und wie er, mit einem Worte, so ganz Jäger ist. Jede Bewegung an ihm ist Natur; und wie der Adler oben in seinem Element auf ruhendem Fittich kreist, wie der Fisch im Wasser schwimmt, wie das Reh zierlich und leicht durch den Wald tritt, so selbstverständlich und unbehindert, so ganz in ihrem Element, steigen diese Kinder der Berge den Fels auf und ab, über schräg wegsinkende Lannen, über bröckelndes Gestein, immer mehr nach Wild als auf ihren gefährlichen Pfad schauend.

Drüben die hohen Joche, wenn auch im Tal unten noch dunkle

Nacht liegt, zeigen schon den dämmernden Morgen, und kalt und frostig zieht uns der erste Sonnengruß durch die Glieder. Sonderbar ist es in der Natur, daß vor dem warmen Licht der Sonne die Luft erst noch einmal recht kalt, daß vor dem dämmernden Tag die Nacht erst einmal recht dunkel wird.

Unseren Pfad können wir jedoch schon erkennen. Ein guter Pirschsteig läuft am Hang hin, und gerade mit Büchsenlicht kommen wir dann an die besten Stellen im Revier. Zu früh kann man da fast gar nicht aufbrechen.

Mein Begleiter ist diesmal – ich habe ihn schon früher erwähnt – die Elster unter den Jägern: der große Ragg. – Er spricht viel – wenn man ihn läßt; aber was sein »Handwerk« angeht, wird er darin vielleicht nur von seinem Vetter übertroffen. Wo übrigens nicht gesprochen werden darf, da weiß er auch recht gut zu schweigen, und vielleicht nur im Vergleich zum ernsten, stillen Wesen der übrigen Bergjäger scheint das bei ihm Schwatzhaftigkeit, was man im flachen Lande gar nicht bemerken würde. Die Berge sind in der Tat nicht der Ort zum Sprechen. Die stille Ruhe um uns her fordert zum Schweigen auf und jedes, selbst geflüsterte Wort, scheint den heiligen Frieden dieser Wildnis zu stören.

Und hier ist wirklich noch Wildnis, denn Urwald umgibt uns in all seiner einsamen Pracht. Kein Holz wird hier geschlagen; der alte

morsche Baum bricht über seiner Wurzel zusammen und fault wo er gewachsen und gestanden. Wo der Föhn oftmals ganze Strecken dieser vielarmigen Waldriesen niedergestreut, liegen sie toll und bunt übereinander hingesät, und was eben wachsen will und kann, bricht sich zwischen ihnen hinaus die junge Bahn.

Aber der umgestürzte Baum hat für uns in diesem Augenblick nur insofern Interesse, als er mit seinem dichten Wipfel vielleicht eine sich dahinter äsende Gemse deckt. Jeder Stein wird mißtrauisch betrachtet, jedes Rascheln bannt den Horchenden an die Stelle, und erst dann schleicht er weiter, wenn er sich überzeugt hat, daß kein Wild Ursache des Geräusches war. Wie ein paar Verbrecher, mit dem erbärmlichsten Gewissen von der Welt, vor jedem fallenden Blatt erschreckend, vorsichtig und ängstlich nach dem geringsten fremden Ton hinüber horchend, schleichen wir so dahin: langsam mit dem umgedrehten Bergstock nieder fühlend, daß er keinen unzeitigen Lärm mache, sorgfältig den eisenbeschlagenen Schuh auf das Geröll im Pfad niedersetzend und jeden dürren Zweig, jedes gelbe Blatt dabei vermeidend. Sind es doch lauter Verräter und nur zu rasch geneigt, ihren alten Bekannten und Freunden, dem scheuen Wild, Nachricht zu geben, daß jemand naht, der da nicht hingehört. So ein dürrer Zweig ist auch wirklich oftmals schlimmer als ein Telegraphendraht. Er knickt unter dem ungeschickten Fuß. – Der Jäger bleibt erschrocken stehn und wagt sich nicht zu rühren – aber das Unglück ist schon geschehn. Ein Alt-Tier vielleicht, mit dem man gar nichts zu tun haben will, das aber hinter einem Dickicht irgendwo gestanden, hört das fatale Geräusch und wird aufmerksam. Sehn kann es dabei nichts, aber der Verdacht ist einmal gefaßt. Vielleicht trägt gerade jetzt auch ein sehr unnützer Windzug die Witterung dort hinüber, und schreckend, mit Tönen, die man über eine halbe Stunde weit hört, setzt es den steilen Hang hinab und macht den ganzen weiten Berg rege. An Pirschen ist in dieser Gegend dann weiter gar nicht zu denken.

Aber wir ziehen vorwärts. – Da drüben zeigen sich die nackten Felsen einer weitausgebrochenen Klamm, und dort stellen sich die Gemsen am liebsten ein. Zwischen dem Geröll wächst spärliches, aber sehr süßes Gras, und ziemlich offenen Raum haben sie zugleich, nach oben und unten auszuschauen. Besonders sind diese

Klammen ein Lieblingsplatz der alten Böcke, und denen stellt man ja auch vor allem nach.
Hier ist aber eine Hauptsache der Wind. Wenn dieser auf jeder Jagd eine sehr bedeutende Rolle spielt und bei Treibjagden wie Pirschen stets darauf Rücksicht genommen werden muß, da man das Wild mit dem Wind nun einmal nicht beschleichen kann, so ist das noch viel mehr auf der Gemsjagd der Fall. Man hat es hier nämlich nicht allein mit einem Wild zu tun, dem an Geruchssinn kein anderes gleich kommt, sondern die Gebirge selber haben in ihren Luftströmungen so viele Eigenheiten, daß der mit ihnen nicht betraute Jäger nur wirklich zufällig einmal zum Schuß kommen kann.
Ziemlich regelmäßige Luftströmungen sind talauf und talab, Seitenwinde gibt es fast nie, oder nur höchst selten. Im Schatten zieht dabei der Wind stets nieder, in der Sonne aufwärts, und zwar aus sehr natürlichen Gründen: die von der Sonne erwärmte Luft strebt nach oben, die kältere drängt sich ins Tal hinab. Ehe die Sonne über die Berge steigt, zieht deshalb die Luft stets bergab, und oben an einem Joch hingehend würde man wenig oder gar nichts zu Schuß bekommen. Man muß sich deshalb tiefer halten, nach aufwärts sehn zu können; was oben steht, kann man dann auch leicht beschleichen, denn man ist ziemlich sicher, daß man den Wind von dort herunter bekommt. Steigt dann die Sonne, nimmt man den Rückweg oben hin, mit demselben Vorteil wie vorher.
Beim Treiben läßt sich diese Eigenschaft besonders gut benutzen, da man im Stande ist, sich den Wind auszusuchen, je nachdem man in eine kühle schattige Schlucht oder auf den sonnenbeschienenen Rücken irgend eines Felsens tritt. Da es noch früh am Morgen und kühl und frisch war, wo der Wind natürlich scharf nach unten zog, hielten wir uns ziemlich tief und verließen, sobald es nur ordentlich hell im Wald geworden, den Pirschpfad und kletterten vorsichtig den grasigen mit Kiefern und Krummföhren überwachsenen Hang hinab.
Wie das so still im Walde war. Weit von drüben herüber, von der andern Seite des Rißtales, klang der tiefe Schrei eines Brunfthirsches her, sonst fast kein Laut. Doch halt – dort oben, wo jene schmale Felsenwand so hoch emporstieg und mit ihren grauen Seiten durch die Bäume schimmerte, balzte ein Birk- oder Spielhahn mit

weichen, melodischen Kullern. – Die Jäger hören das zu dieser Jahreszeit nicht gern, denn es soll schlechtes Wetter deuten.
Jetzt haben wir beinah die Klamm erreicht, Ragg wird immer vorsichtiger im Gehen, und jeder Schritt weiter zeigt auch schon mehr und mehr die helleren Felsen, die – übereinander geschichtet und aus gewaltigen Blöcken bestehend – bis fast oben unter das Joch hinaufragen. Längst schon haben wir den Pirschweg verlassen und steigen lautlos nebeneinander hin, jeder vollauf damit beschäftigt, den Ort auszusuchen, wohin er den Fuß geräuschlos setzen kann. Da plötzlich packt Ragg meinen linken Arm und die vorsichtig und langsam ausgestreckte Hand deutet nach vorn. Der Richtung zu liegt dort ein dichter Latschenbusch, und der eine Zweig – wahrhaftig da drin steht irgendein Stück Wild, was es auch sei! – der eine Zweig bewegte sich, als ob etwas Schweres dagegen drückte. Was für Wild, war natürlich noch nicht zu erkennen.
Leider lag der Busch etwas unter uns, links abbiegend krochen wir jetzt mehr als wir gingen der Stelle zu. Die Gegend dort war wie gemacht zum Anpirschen, und lockere Felsblöcke und umgestürzte, halb verdorrte Stämme bildeten ebensoviele Schutzwehren für den anschleichenden Jäger. Vorsichtig benutzte ich auch das Terrain nach besten Kräften und leise, nachdem ich vielleicht zwanzig Schritt auf den Knien gekrochen war, um einen schräg auflaufenden Fels zu erreichen, hob ich langsam den Kopf und sah hinüber.
»Mord!« war der mehr gedachte als gemurmelte Fluch, als ich mich plötzlich einem starken Spießhirsch auf kaum vierzig Schritte gegenüber sah, der hier so ruhig äste, als ob nicht ein scharfgeladenes Rohr hinter dem nächsten Steine lauerte und sein leckeres Mahl hätte bös versalzen können. Aber Hirsche wurden natürlich in dieser Jahreszeit nicht geschossen. Der übrigens ziemlich stark und feist aussehende Bursche hätte uns die ganz Jagd verderben können. Vorsichtig wieder hinter meinen Stein zurückkriechend, »telegraphierte« ich dem mir aufmerksam zuschauenden Ragg die unangenehme Botschaft hinunter, und dieser kam jetzt langsam heraufgeschlichen. Was nun tun? Zeigten wir uns, so brach der derbe Bursche hier ganz in der Nähe der Klamm durch das Dickicht und selbst wenn er nicht einmal schreckte, warnte er doch jedenfalls alle dort herum stehenden Gemsen. Es blieb uns nichts anderes übrig,

als ihm aus dem Weg zu gehn. Mit einer Aufmerksamkeit und zarten Rücksicht für seine Ruhe und gestörte Mahlzeit, die ihn hätte innig rühren müssen, wenn es ihm nur verstattet gewesen wäre, uns zu beobachten, krochen wir jetzt zurück wie wir hinaufgeschlichen, um tiefer hinab ihm aus dem Weg zu kommen.

Das gelang auch vollkommen, und etwa vier- oder fünfhundert Schritt tiefer unten näherten wir uns endlich dem wirklichen Rand der Klamm, der gerade an dieser Stelle von einem mit Latschen bewachsenen Felsenvorsprung überhangen war. Zum Abäugen gab es keinen besseren Platz, und vorsichtig krochen wir – die Hüte und Stöcke abgelegt, ich nur mit der Büchse im Anschlag – hinaus, die untere Schlucht von hier zu übersehen.

Dort stand ein Bock, da drüben an der Wand, gleich unter ein paar kleinen mit gelbem Laub noch spärlich bedeckten Espen. Das wenige Gras abäsend, das zwischen zwei niederspringenden Bächen wuchs, ging er langsam umher, vorsichtig dabei oben hinauf windend und den Blick zugleich, mit dem halb schräg gedrehten Kopf, nach der Tiefe drehend. Aber er schien das mehr aus alter Gewohnheit zu tun, als daß er wirklich eine Gefahr gefürchtet hätte. Der Morgen war so still, die Schlucht lag so ruhig, und so lange hatte nichts den Frieden hier gestört. – Armer Bock – es geht uns Menschen ebenso: Die Gefahr naht gerade da am liebsten, wo wir sie am allerwenigsten erwarten und gut für uns dann, wenn sie uns gerüstet findet.

Unser Schlachtplan war bald entworfen. Ragg wollte zwar gern, wie es gewöhnlich die Jäger in den Bergen tun, wenn zwei zusammen pirschen gehn, mich hinunter auf den Wechsel schicken und dann selber oben hinum schleichen und dem Bock in den Wind kommen oder sich auch zeigen, wodurch er ihn mir dann vielleicht hinuntergetrieben hätte. Durch das Anpirschen an den verwünschten Spießer war aber schon ein guter Teil des Morgens verlorengegangen, und da er einen tüchtigen Umweg hätte machen und ich selber an die andere Seite der Klamm hinüber klettern müssen, an der der Wechsel lag, blieb es immer die Frage, ob wir nicht doch zu spät kommen würden. Überdies äste der Bock gegen den Wind hinauf. So beschloß ich denn mein Glück mit Anschleichen zu versuchen, und rasch zogen wir uns jetzt von unserem Ausguck zurück, unterhalb desselben eine gedeckte Stelle zu finden, an der ich in die schroffe Klamm hinabsteigen konnte.

Das gab ein bös Stück Arbeit. Durch einen ziemlich weit hineinragenden Vorsprung leicht unterhalb verdeckt, war allerdings hier keine Gefahr, daß uns der Bock hätte sehen können und den Wind bekam er ebensowenig, denn der wehte noch scharf und stet die Klamm nieder; aber wie an einer Wand ging es hinab, und mit der Büchse auf dem Rücken, die den Ungeübten oft im Klettern hindert, war die Sache doch viel leichter beraten als ausgeführt. Überdies steigt es sich zehnmal besser bergauf als in die Tiefe nieder. Aber dort stand der Bock und hinunter mußte ich; so die Zähne zusammenbeißend und den Bergstock als treuen Helfer fest in den steinigen, mit lockerem Geröll bedeckten Boden stemmend, ging die Fahrt zu Tal. Manchmal löste sich, trotz aller Vorsicht, ein kleiner Stein und rollte polternd in die Tiefe, aber teils waren wir noch zu weit von der Gemse entfernt, teils achten auch die Tiere auf

Lith. Inst. v. L. Sachse & Co. Berlin

Nach dem Treiben.

Lith. Inst. v. L. Sachse & Co Berlin.

Die Almhütte

dies Geräusch, das sie in den Bergen gewohnt sind, nicht sonderlich viel. Fortwährend lösen sich in diesen steilen Hängen, besonders nach feuchtem Wetter, kleine und größere Steine los und auf den größeren Reißen klappern sie fast ununterbrochen fort.
Hier nun eine Latsche ergreifend, mit Hilfe ihrer zähen Zweige ein Stück hinab zu kommen, dort mit dem eingestemmten Stock niederrutschend und jeden vorspringenden Stein aufmerksam benutzend, den Fuß darauf zu ruhen, kamen wir endlich glücklich unten an.Ob der Bock freilich noch oben stand oder nicht, ließ sich von da aus nicht mehr erkennen. Da er aber dicht an dem sprudelnden Bach geäst, wo das Geräusch des Wassers selber schon vieles übertönt, hatten wir die Hoffnung, daß er unsere Niederfahrt nicht gehört. Wir folgten nun selber dem Bach rascher und zuversichtlicher aufwärts.
So leicht und glatt jedoch dieser Teil des Weges von oben ausgesehn hatte, so schwierig fanden wir ihn. Riesige Felsblöcke lagen überall umher zerstreut, und hie und da schlossen die Wände diese so eng ein, daß sich das Wasser über sie hin den Weg bahnte – und diesem schlüpfrigen Pfad mußten wir folgen. Was tat's, wenn nur der Fuß und Bergstock sich da einklammern konnte, die Nässe kümmerte uns nicht; mühselig, aber doch ziemlich rasch arbeiteten wir uns aufwärts.
»Dort stehn die Espen«, flüsterte mir da mein Begleiter zu, und schon konnten wir die Wipfel der beiden kleinen Bäume, dicht über denen wir den Bock zuletzt gesehn, auf ungefähr zweihundert Schritt Entfernung erkennen.
Wie mir das Herz da zu klopfen begann – wie der Atem so schwer wurde! Aber vorwärts. Jeder Augenblick nutzlosen Säumens konnte uns das Wild verlieren lassen, und der ganze mühselige Weg wäre umsonst gewesen.
Hier lief die Schlucht auf kurze Strecke glatt und gerade aus, und gleich darüber zog sich ein kleiner, spärlich mit Latschen und Erlen bewachsener Hang empor. Dem mußten wir folgen. Der Boden war auch weich hier und zum Anpirschen trefflich; von dem oberen Teil des Hangs blieb höchstens noch eine Strecke von etwa sechzig Schritt bis zu den Espen, die in wenigen Minuten zurückgelegt war.
Jetzt hatte ich den höchsten Punkt erreicht. Ein paar Felsblöcke

dicht vor mir versperrten noch die Aussicht auf den kleinen Grasfleck, auf dem der Bock stehen mußte, wenn er nicht schon vorher das Weite gesucht; aber zu ihnen anpirschend brachten sie mich ihm auch so viel näher.
Mir war dabei zu Mute, als ob mir jemand die Kehle mit Gewalt zuschnüre; ich konnte keine Luft bekommen und drückte mich hinter dem einen Felsen nieder, erst wieder ruhig zu werden.
Ragg sah aber die Bewegung, und als ich den Kopf nach ihm umdrehte, gebärdete er sich, ohne jedoch den geringsten Laut von sich zu geben, wie ein Rasender. Vorsichtig auf den Boden niedergedrückt, gestikulierte er nämlich mit beiden Armen auf alle mögliche Art und Weise, daß ich schießen solle; er hatte jedenfalls den Bock gesehen. –
Zeit war auch in der Tat nicht mehr zu verlieren, und, die Zähne aufeinander beißend, spannte ich rasch und geräuschlos die Büchse, nahm sie in Anschlag – da prasselte und polterte es in den Steinen, der Bock ging flüchtig, und wie ich jetzt mit einem verzweifelten Satz hinter dem mich bergenden Steine vorsprang, sah ich eben noch wie einen Schatten den schwarzen Körper des Wildes im Latschendickicht verschwinden.
»Jesus Maria und Joseph!« hörte ich hinter mir die verzweifelte Stimme meines Begleiters, aber ohne mich nach ihm umzusehn, übersprang ich rasch den kleinen Grasfleck, von dort aus vielleicht den Bock noch irgendwo an der Wand, wenn auch flüchtig, erkennen zu können. So rasch vermochte er doch nicht daran hinauf zu laufen, daß ihn die Kugel nicht noch erreicht hätte. Da bröckelte gerad über mir ein Stein, und wie ich aufschaute sah ich den Bock, der eben an der Spitze einer niederlaufenden Latschenzunge einen kleinen Vorsprung erreicht, dort einen Augenblick hielt und seinen scharfen warnenden Pfiff ausstieß. Gerade als er sich wandte, mit einem Satz das schützende Latschendickicht, das ihn jeder weiteren Verfolgung entzogen hätte, zu gewinnen, schickte ich ihm eine Kugel hinauf. Als sich der Rauch verzog, war er meinen Blicken entschwunden.
»Den haben sie gefehlt!« schrie aber jetzt der herbeispringende Ragg und machte Bewegungen dabei, als ob er sich nur erst geschwind die Arme ausrenken wollte, ehe er aus der Haut führe.

Ich hatte zu rasch gezielt, um meiner Sache ganz sicher zu sein und mochte wohl etwas kleinlaut aussehn.

»Aber um Gottes willen, haben Sie ihn denn nicht gesehn, wie er da hinter dem Steine stand? Sie hätten ihn mit einem Stein totwerfen können.«

»Aber ich steckte ja auch hinter den Steinen, Ragg, und konnte ihn von dort aus nicht sehn.«

»Oh Jesus, o Jesus!« lamentierte der Jäger und schlenkerte den Kopf herüber und hinüber.

Der scharfe Pfiff einer Gemse, oben aus den Latschen, antwortete ihm.

»Na ja, da geht er hin – dem tut kein Haar weh.«

»Aber wollen wir nicht einmal auf den Anschuß sehn? Ich muß ihn getroffen haben.«

Ragg erwiderte nichts, seufzte nur tief auf, drückte den Hut – den er abgenommen hatte, sich bequemer kratzen zu können – wieder auf den Kopf, warf sich die Büchse um und stieg mit einer Miene die steile Wand hinauf, als ob er hätte sagen wollen: – »Na ja, nachsehn

muß ich, das ist meine Schuldigkeit, aber die Gemse, die ich da oben finde, freß ich mit Haut und Haar.«
»Und soll ich nicht mitgehn, Ragg?«
Er schüttelte mit der Hand – das gewöhnliche Zeichen für nein unter den Jägern – und setzte dann, sich halb umdrehend hinzu: »Es geht sich hier nicht besonders bequem, und wir müssen doch nachher an die andere Seite der Klamm hinüber.«
»Es geht sich hier nicht besonders bequem.« Es war eine völlig senkrechte, etwa sieben Fuß hohe Wand, an der er sich nur mit Hilfe einiger kleiner Latschenbüsche hinaufarbeitete. Über dieser hatte er aber etwas bequemere Bahn, und während ich ihm von unten zusah und meine Büchse dabei wieder lud, erreichte er den Platz auf dem die Gemse, als ich feuerte, gehalten. Er blieb oben aufrecht stehn und sah sich rings am Boden um.
»Ein klein wenig mehr links, Ragg!«
Das fatale Schütteln mit der Hand war die einzige Antwort. Gefehlt! Es war wirklich zum aus der Haut fahren, und damit die ganze schöne Morgenpirsch verdorben, denn hier in der Klamm war nun nichts mehr zu machen. Plötzlich bog er sich auf den Boden nieder und hob ein Blatt auf, das er genau besah und mit dem Finger abwischte.
Um mein Leben gern hätt ich gerufen »Schweiß«?.
Aber ich fürchtete das nichtswürdige Handschütteln. In dem Augenblick war Ragg auch in den Latschen verschwunden und in peinlicher Ungewißheit blieb ich in der Klamm zurück.
Da bröckelte weiter oben ein Stein. Etwa hundert Schritt höher die Klamm hinauf war ein anderer kahler Vorsprung, dort hing Ragg am oberen Rande und schwenkte den Hut.
»Der Bock?«.
»Hier liegt er!«
Wie ich die Wand hinaufgekommen bin, weiß ich heute noch nicht, aber oben war ich, und dort lag der Bock. Ein prächtiger, starker, etwa vierjähriger Bursche, gerade aufs Blatt geschossen – aber ohne Bart. Die langen Rückenhaare schienen gänzlich zu fehlen. Freilich auf sehr natürliche Art, denn Ragg hatte sie schon, wie sein Vetter früher, in Papier gewickelt in der Tasche. Er mußte sie indessen ebenfalls wieder herausgeben.

Den Bock schafften wir jetzt zusammen zum Wasser hinunter, hingen ihn dort mit den Krickeln an einen niedergebogenen Erlenbusch und waideten ihn aus. Ragg schnürte ihn dann in seinen Bergsack, und still dabei vor sich hinlachend, daß wir ihn doch erwischt – denn die Jäger setzen einen Stolz darein, wenn sie mit jemand pirschen gehn, ihn auch zum Schuß zu bringen –, kletterten wir auf der anderen Seite der Klamm hinaus, nach einer Nachbarschlucht hinüberzuhalten, und dort unser Glück noch einmal zu versuchen.

Ragg schwamm jetzt in seinem Element und erzählte eine Jagdanekdote nach der andern: wie er mit dem und jenem Herrn gepirscht wäre und das und das erlebt, und wenn ich ihn bat ruhig zu sein, da wir hier doch vielleicht Gemsen antreffen könnten, beruhigte er sich stets mit einem zuversichtlichen »ah, hier ist nichts«.

Die Folge davon war, daß uns bald darauf wieder ein einzelner Bock anpfiff und den Hang hinauffloh. Auf etwa fünf Minuten brachte ihn das zum Schweigen, dann aber fing er von vorne an und ließ sich auch nicht wieder irre machen. Einmal über das andere lobte er aber dabei meine Fertigkeit im Steigen – die gewöhnliche Bergschmeichelei. Wenn ein Schütz aus dem flachen Lande mit einem Bergjäger zusammengeht und nur einigermaßen vom Fleck kommt, macht ihm der Mann die größten Elogen, was er für ein vortrefflicher Steiger sei, und denkt sich dabei: »Na, Du solltest einmal mit mir da und dort hin gehn, da würdest Du schön hängen bleiben.« Es ist das gewissermaßen ihr Kleingeld im Verkehr mit der Zivilisation, mit dem sie sich Zigarren und Guldenstücke eintauschen.

Ich will ihnen aber auch nicht Unrecht tun; manche von ihnen haben sich die flachen Landbewohner so steif und ungeschickt gedacht, daß sie schon auf's äußerste erstaunt sind, wenn sie außer den Pirschpfaden überhaupt mit fortkommen, und deshalb rechnen sie ihnen das geringste Außergewöhnliche vielleicht schon so hoch an.

»Und ich dachte Sie hätten ihn gefehlt«, wiederholte er wieder und wieder.

»Er sprang mir gar so geschwind in die Latschen hinein. Es wär' aber eine Schand gewesen, wenn wir den Bock nicht gekriegt hätten.«

Seine Last im Bergsack schien ihn nicht im geringsten zu stören, und rasch und munter, viel zu rasch und munter für einen Pirschgang, schritten wir vorwärts bis zur nächsten Klamm.

Die Sonne war indessen höher gestiegen und warf auf die ziemlich dünn bewachsene Seitenwand des Berges ihren vollen Strahl. Wir hatten uns auch die letzte Stunde höher und höher hinaufgehalten, um den Vorteil des jetzt aufziehenden Windes zu haben. So erreichten wir den oberen Teil der Nachbarschlucht und mit ihr den Pirschweg wieder, der drüben hinlief. Wir postierten uns gedeckt an den Rand und äugten mit unseren Gläsern den inneren Teil der Klamm sorgfältig ab.

Ragg hatte aufmerksam den unteren Teil abgesucht aber nichts gefunden, als ich zufällig gerade hinunter schaute und dort, etwa sechshundert Schritt unter uns, einen alten Bock mitten in der Wand stehen sah, der hier schon heraufgestiegen schien, seine Siesta nach eingenommenem Mahl zu halten. Ein Wink genügte für den Jäger, und wir beide beobachteten jetzt aufmerksam den alten Burschen, der gar so ernst und ehrbar den weiß gestreiften Kopf nach rechts und links und in die Tiefe drehte, nur nicht ein einziges Mal nach oben.

Ragg war mit seinem Plan bald fertig.

»Wenn wir Zeit hätten«, sagte er, nach seiner dicken silbernen Taschenuhr sehend, »so blieben wir hier ruhig bis um zwei Uhr liegen. Der Bock tut sich jetzt nieder und steht bis dahin wieder auf, wo er dann leicht überredet werden könnte, hier herauf zu kommen. Wenn wir aber um vier Uhr in der Riß sein wollen, müssen wir früher Anstalt machen, heimzugehen. Erst können wir abwarten was er vor hat; ob er da gedenkt sitzen zu bleiben, oder nicht.«

Ohne weiteres warf er jetzt seinen Bergsack mit dem Bock zu Boden, seinen Hut und sich selbst daneben und holte aus der Tasche das mitgenommene Frühstück hervor, die Zeit, die uns hier blieb, wenigstens so zweckmäßig wie möglich zu verwenden. Ich folgte seinem Beispiel.

Raggs Erzählung vom Wilderer

»Sehn Sie die Latsche da drüben?« nahm da Ragg das Gespräch, das aber jetzt mit unterdrückter Stimme geführt wurde, wieder auf, »gleich die da drüben, die über den Abgrund hinauswächst?«

»Ja, Ragg – aber ich kann da drüben nichts erkennen.«

»Ist auch jetzt nichts mehr da zu sehn« sagte er, leise dabei vor sich hin lachend, »fünf Jahre sind's aber jetzt, da hat die eine Latsche, die dort über die steile Wand hinüber hängt, einem Malefizkerl von Wilderer einmal einen großen Gefallen getan.«

»Einem Wilderer?«

»Ich und der Wastel«, erzählte Ragg jetzt weiter, nachdem er erst noch einmal einen vorsichtigen Blick nach unten geworfen, ob der Bock noch dastände, »waren drüben am Scharfreuter gewesen und an der Grenze hingegangen, teils zu sehn, ob das Wild dort viel herüber wechselte, teils auch um zu schauen, ob wir keine fremden Fährten finden könnten; denn daß hier Wilddiebe kämen, hatten wir schon gehört. Den Morgen um neun Uhr etwa war ein leichter Schnee gefallen und es schneite noch in den dünnen, einzelnen Flocken, als wir oben an der Luderstauden, gerade wo die oberste Klamm gegen das Joch vorläuft, eine ganz frische Mannsfährte fanden, die keiner von uns kannte. Das konnte niemand anders als ein Wilderer sein, und während einer die Fährte hielt und der andere scharf umherschaute, ob er den Burschen nicht vielleicht so, aus freier Hand, entdeckte, folgten wir so rasch und leise wir konnten. Das ging nun allerdings gut, solange wir oben am Joch blieben, denn dort lag wenigstens Schnee genug zum Spüren. Der Malefizkerl hatte das aber auch wohl bedacht und war in eine der nächsten Klammen hinein, und Gott weiß wie darin herumgestiegen, so daß wir auf den kahlen Steinen zuletzt die Spur verloren und nun nicht wußten, wo er geblieben war. Wastel wollte zwar, wir sollten uns trennen und nach verschiedenen Seiten suchen. Hatte er sich aber irgendwo eingedrückt und sah uns anpirschen, so wäre ein einzelner verloren gewesen; auf zwei schießen die Schufte aber nicht so gleich.«

»Hantiert nur nicht so mit den Händen, Ragg«, sagte ich, »Ihr liegt überhaupt zu nah an der Wand, und wenn der Bock einmal den

Kopf hier herauf dreht, muß er ja die helle Hand in der Sonne herum fahren sehn.«

»Der steht noch baumfest« erwiderte der Jäger, indem er einen Blick hinunter warf, und dann einen halben Schritt von dem Rand des Hanges wegrutschte.

»Und der Wilddieb?«

»Warten Sie nur, die Fährten nahmen im ganzen die Richtung nach dem Leckbach zu. Wastel glaubte nun freilich nicht, daß er sich so weit von der Grenze weggemacht hätte. Das blieb sich aber ganz gleich, Grenze oder nicht, denn drüben auf königlichem Gebiet hatte er jedenfalls eben so wenig Recht zu jagen wie hier, und erwischten ihn dort die Jäger, so ging's ihm nicht um ein Haar besser, als wenn wir ihn hier kriegten. Wir äugten also aus dem Wald heraus die ganze Gegend sorgfältig ab, spürten noch einmal über das Joch hinüber auf den Schnee und mußten endlich glauben, er habe uns vielleicht irgendwo auf seiner Spur gesehen und sei wieder in das andere Revier, wohin wir ihm nicht folgen durften, zurückgewechselt. Viel Zeit hatten wir übrigens auch nicht mehr zu verlieren, denn wir wollten die Nacht noch nach der Grasberg Alm, und mit dem Umhersuchen war der Tag ziemlich drauf gegangen. So stiegen wir rasch hintereinander her aufwärts, als mich der Wastel plötzlich, ohne ein Wort zu sagen, am Arm packt und dort hinauf zeigte, etwa in die Gegend, wo der dürre Baum da oben auf der schmalen Lanne steht. Ich schaute hin: kauerte da nicht der verdammte Halunke so ruhig auf einem umgefallenen Baum und kaute an einer Brotrinde oder irgend etwas anderem, als ob er daheim in seiner Hütte und nicht mit der Büchse auf einem fremden Revier säße?

›Der kann nicht mehr fort‹, flüsterte mir dabei der Wastel zu – ›ich springe hier unten herum, Du von der Seite hinauf, und dann haben wir ihn in der Mitte – vorn ist die Klamm, und da kann nicht einmal ein Gemsbock hinunter!‹

Wie wir ihn nur erst gewahr wurden, hatten wir uns gleich hinter einen Latschenbusch gedrückt, und ohne weiter ein Wort zu reden, rutschte der Wastel ein Stück auf der Erde fort, bis er in einen kleinen Graben kam. Den annehmend, schnitt er dem Wilderer den Weg von jener Seite ab. Mir konnt' er auch nicht mehr wegkommen, und wie ich sah, daß der Wastel war, wo er sein sollte, pirscht' ich mich noch vorsichtig auf etwa hundert Schritt von dem Burschen an, legte dann meinen Hut, Bergsack und Stock ab, nahm die Büchse herunter und sprang, was ich springen konnte, den Berg hinauf.

Ich hatte noch keine drei Sätze getan, da fuhr er schon mit dem Kopf herum – der Art Gesellen haben immer ein schlecht Gewissen –, und mich sehn, aufspringen und die Büchse an den Backen reißen, war das Werk eines Augenblicks. Zu gleicher Zeit schrie ihm aber auch Wastel sein drohendes ›Halloh‹ entgegen, und wie er den zweiten Mann sah und nun wohl merkte, daß es ihm an den Kragen ging, setzte er die Büchse erschrocken ab. Ich hätte ihn jetzt bequem umschießen können, aber wir wollten ihn gern lebendig haben, und wenn's nicht gerade sein muß, ist's doch immer eine häßliche Geschichte. So also schrie ich dem Burschen zu, er soll seine Büchse fortwerfen oder er wäre ein toter Mann. Zu gleicher Zeit sprang ich wieder rasch auf ihn ein. Er aber drehte sich um und fuhr in die nächsten Latschen hinein.

An manchem andern Platz wäre das nun vielleicht recht gut gegangen, denn jemanden durch die Latschen zu verfolgen, ist ein verzweifelt mühselig Ding; hier aber mußte er keinesfalls wissen, wohin die führten. Der ganze Latschenstreifen war keine zwanzig Fuß breit, und unter ihnen weg sank der Abgrund, während der Wastel und ich den einzigen Ausweg, der nach rechts und links abführte, leicht überschießen konnten.

›Jetzt haben wir ihn‹, schrie Wastel auch, als er vorwärtssprang und in die Latschen mit hinein setzte, ›paß nur draußen auf, Ragg, daß er nicht über die Lanne springt!‹ Da tönte plötzlich ein furchtbar gellender Schrei vom Rand der Klamm herüber, und als wir erschreckt und lautlos stehen blieben, hörten wir erst unten etwas Hartes gegen die Felsen schlagen und gleich darauf schallte der Schuß, der durch den Sturz losgegangenen Büchse zu uns herauf.

›Gott sei seiner armen Seele gnädig‹, sagte der Wastel und drehte sich schaudernd um. Wir beide standen jetzt still und horchten, aber nichts ließ sich hören.

›Ob man wohl hinuntersehn kann?‹ sagte ich endlich.

›Ich mag's nicht sehn‹, meinte der Wastel.

Ich arbeitete mich jetzt durch die Latschen durch, wo ich gleich vorn den Hut des Wilderers fand. Wie ich aber an den Rand kam, hingen die Zweige tief darüber hinunter. Zwischen der Wurzel der einen durch bröckelte das Gestein los und stürzte mit hohlem Fall in den Abgrund nieder. Ich stand auf den Zweigen schon über der Tiefe. Es wurde mir unheimlich da draußen und ich kroch zum Wastel zurück.

›Wollen wir hinunterklettern und nachsehn?‹ sagte ich endlich. Der Wastel erwiderte nichts, wir warfen unsere Büchsen über den Rücken und stiegen talab, mußten auch einen großen Umweg machen, um unten hinein zu kommen, und es mochte immer eine Stunde darüber hingegangen sein, eh wir den Platz erreichten. Indessen hatte es stärker angefangen zu schneien, und der Wind heulte so häßlich durch die

hohle Klamm – es war ein gar so fatales Gefühl, da unten nach einem zerschmetterten Menschen zu suchen. Wir hatten ihn aber doch nicht umgebracht, er war selber dahinuntergesprungen, und wenn wir ihn auch dazu getrieben, ei, was zum Teufel hatte er auf fremdem Revier zu suchen.

›Da liegt die Büchse‹, sagte der Wastel plötzlich. Der Kolben war abgebrochen, und das Gewehr durch den Sturz losgegangen – aber wo war der Wilderer? Gerad in die Höh' konnte man bis oben hinauf unter die überhängenden Latschen sehn, an ein Anhalten unterwegs war nicht zu denken, die Wand bog sich dort sogar nach innen, und selbst der Bergstock lag etwa zehn Schritt von der Büchse entfernt – aber kein Blutfleck. Oben durch war er auch nicht gekommen, solange wir oben standen, und wir zerbrachen uns jetzt den Kopf, was aus dem Burschen geworden sein könne. Gewißheit mußten wir aber darüber haben. Wastel nahm deshalb das zerbrochene Gewehr, ich den Stock, und wir ließen uns die Müh' nicht verdrießen und kletterten noch einmal hinauf. Hol's der Deixel, der Vogel war ausgeflogen, und zwar seit wir den Fleck verlassen hatten, denn seine ganz frische Spur im neuen Schnee ließ auch nicht den mindesten Zweifel darüber. Todesangst mußte er aber in der Zeit, als wir oben suchten, ausgestanden haben, denn wie wir jetzt alles ablegten und vorsichtig dahinauskrochen, zu schauen woher die Spur kam, fanden wir, daß er die ganze Zeit über da draußen über dem Abgrund, an den Zweigen des Latschenbusches gehangen haben mußte. Außen an der Wand waren die Kratzspuren seiner Fußspitzen, als er sich wieder hinaufgearbeitet, und wenn einer von den dünnen Zweigen gebrochen oder ihm nur die Hand ausgerutscht oder verkrampft wäre, dann läge er unten bei seinem Gewehr, den Hals wie den Kolben seines Gewehrs gebrochen.«

Ragg hatte die ganze Geschichte in einem, nur ihm allein von allen Jägern eigentümlichen, schauerlichen Bergdialekt und mit flüsternder Stimme erzählt, wobei man wirklich mit peinlicher Aufmerksamkeit zuhören mußte, zu verstehn was er meinte. Vorsichtig schaute er dabei dann und wann über den Hang hinunter, den Bock nicht aus den Augen zu verlieren. Der stand aber noch baumfest da unten und rührte und regte sich nicht.

»Und habt Ihr nie erfahren, wer der Wilderer war?«

Ragg schüttelte den Kopf und meinte, still dabei vor sich hinlachend: »Der ist damals mit ausgerupften Federn davongekommen, wird aber wohl an der Lektion über dem Abgrund genug gehabt haben. Wir haben ihn hier drüben wenigstens nie wieder gespürt. Übrigens« – setzte er, leise mit dem Finger dabei drohend hinzu – »wußte er auch wohl, daß wir ihn jetzt kannten, wenn er sich wieder hätt' sehn lassen, wär ihm eine Kugel gewiß gewesen.«
Ragg prahlte nicht im mindesten; es herrscht zwischen den Jägern und Wilderern im Gebirge noch ein so romantisches und vollkommen ausgebildetes Faustrecht, wie es sich der Dichter, der die Poesie ganz aus der Wirklichkeit verschwunden wähnt, gar nicht besser wünschen könnte. Wo sich Jäger und Wildschütz im Berg begegnen, ist es zwischen beiden eine Sache auf Tod und Leben; wer am schnellsten die Büchse an den Backen reißt und den anderen über den Haufen schießt, hat gewonnen. Der Jäger ist allerdings stets im Vorteil, denn er hat für alle Fälle das Gesetz auf seiner Seite. Draußen auf Gottes freier Alm aber und mit den wilden Bergen um sich her, hilft ihm das oft gar wenig, wenn er nicht außer dem Gesetz auch noch die eigene Waffe bei sich führte, mit der er den auf ihn anlegenden Wilderer rasch für immer unschädlich machen kann.
Daß er das tut, kann ihm auch niemand verdenken, denn sein eigenes Leben ist in jedem Fall, wo er einem Wilderer begegnet, mehr als bedroht. Ob der Mann da drüben, den er mit der Kugel in den Abgrund wirft, daheim Weib und Kind hat, die ohne den Ernährer verderben müssen, was kümmert's ihn? – Auch er hat Weib und Kind daheim, und denen sich zu erhalten ist ihm erste Pflicht.
Das klingt nun vielleicht im ersten Augenblick recht schwer und schrecklich, daß, einer einzigen Gemse wegen, so manches Leben genommen, so manche Familie unglücklich und elend gemacht wird; aber wollen wir nicht alle Gesetze von mein und dein aufheben, soll überhaupt noch ferner ein Eigentumsrecht auf der Welt bestehen und dies vom Staat geschützt werden, so kann den Leuten eben das Wildern nicht gestattet sein. Und sanfte Mittel reichten nimmer aus, es zu verhindern. Wo so ein Wilderer den eigenen Hals mit Vergnügen riskiert, in Nacht und Nebel in den Gebirgen umherzuklettern, um ein Gemstier zu erlegen, würde er

sich wahrlich durch ein paar Wochen daraufgesetzte Strafe nicht abhalten lassen – und in wenigen Jahren wären die Berge leer.
»Und welch ein Unglück wäre das?« hör ich viele sagen, »lieber alle Gemsen der Welt, als ein einziges Menschenleben.« Es ist das eine von den Phrasen, die scheinbar die ganze Humanität auf ihrer Seite haben und doch nicht wahr sind. Die Burschen, die sich einmal an das Leben eines Wilderers gewöhnt haben, sind, solange ihnen solch wildes Treiben ihr Dasein fristen kann, zu jeder anderen ruhigeren und steten Beschäftigung verdorben, und fehlten ihnen die Gemsen oder das Wild in den Bergen, so nehmen sie anderes, was sie grad bekommen können. Gestattet man ihnen aber das Recht, Gemsen und Wild zu schießen, warum denn nicht auch Ziegen, Schafe und Rinder? Das Rotwild muß so gut im Winter gefüttert werden wie das zahme Vieh, und warum soll der Besitzer von wilden Herden nicht ebenso in seinem Recht geschützt sein wie der von zahmen? Der Polizeidiener, der in irgend einer Stadt einen Dieb auf frischer Tat ertappt und den Gerichten, dem Zuchthaus, überliefert, ruft über die Häupter der unschuldigen Familie des Unglücklichen ebensoviel Not und Elend herein, mit Schande noch dazu, wie der Jäger, der den Wilddieb niederschießt. Der Polizeidiener sah dabei nicht einmal sein eigenes Leben gefährdet, und trotzdem wird es niemandem einfallen ihn zu tadeln und zu verdammen.
Das ist übrigens eine Sache, die Jäger und Wilddiebe ganz allein untereinander ausmachen. Der Letztere, wenn er mit der Büchse in die Berge geht, weiß ganz genau, welcher Gefahr er sich aussetzt und ist meist von vornherein entschlossen, ihr eben mit der Waffe in der Hand zu begegnen. Wie der Dieb, der nachts in ein Haus einbricht und das Messer dabei im Gürtel stecken hat, verübt er gewiß keinen Mord, wenn er bei seinem Geschäft nicht gestört wird. Ertappt man ihn aber und will man ihn festhalten, oder sieht er selbst nur die Gefahr, erkannt und verraten zu werden, dann wird aus dem einfachen Räuber auch ein Mörder.
Daß die gefährliche Unwegsamkeit der Berge manch rasche, dunkle Tat begünstigt und verdeckt, ist wohl leicht erklärlich. Die tiefen oft vollkommen unzugänglichen Schluchten sind ein sicheres Grab, das nur der Jochgeier und Kolkrabe findet und heimsucht, Stücke der Beute von dort seinem Horste zuzutragen. –

Aber der Bock?
Dort unten stand er noch so still und regungslos, was den Körper wenigstens betraf, wie ein wirklich künstlich ausgestopfter und aus irgendeiner Liebhaberei gerade hier hergestellter Gemsbock. Nur der weiß gestreifte Kopf schien Leben zu haben und bewegte sich langsam bald nach dieser, bald nach jener Seite.
»Da unten stehn jedenfalls Gemsen« flüsterte Ragg endlich, nachdem wir ihn wieder eine ganze Zeit lang schweigend beobachtet hatten, »es wird doch am Ende besser sein, ich steige hinunter und sehe zu, daß ich ihn hier herauf bringe – der Wechsel ist gleich dort drüben an der kleinen Kiefer.« Ragg ging nicht gern fort, denn er liebte es, sich auszusprechen. Der Wunsch den Bock noch zu bekommen war aber stärker und überwand seine Schwatzhaftigkeit. So, seinen Bergsack wieder schulternd und Hut, Stock und Büchse vom Boden aufgreifend, gab er mir noch eine unbestimmte Anzahl von Vorsichtsmaßregeln, dann verschwand er im Dickicht, den nötigen Umweg zu machen und dem Wild später unten in der Klamm in den Wind zu kommen.
Ich lag indessen oben unter dem dichten Latschenbusch und hatte jetzt Zeit und Muße genug, den Bock zu betrachten. Drei Viertelstunden blieb er auch noch etwa auf derselben Stelle, den Platz nur manchmal um einen Schritt zur rechten oder linken wechselnd. Ein paarmal kratzte er sich mit dem Hinterlauf vorn am Hals und hinter dem Gehör. Die Gemsen unten mußten aber verschwunden sein, denn er sah nicht mehr hinab.
Plötzlich hob er rasch und aufmerksam den Kopf empor. Jedenfalls hatte er den nahenden Jäger in den Wind bekommen oder auch gesehen, denn er schaute jetzt still und unverwandt nach der einen Richtung nieder.
Wieder verfloß eine volle Viertelstunde, und ich begriff schon gar nicht, wo Ragg nur blieb, als ich diesen plötzlich in der Klamm, unterhalb dem Bock heraufkommen sah, ohne daß dieser auch nur gewichen wäre.
»Halloh!« rief der Jäger unten und stieß mit seinem eisenbeschlagenen Stock auf die Steine. – Der Bock regte sich nicht –. »Halloh – huh – ah!«. – Er rührte sich nicht von der Stelle. Erst wie der Jäger höher und immer höher stieg und schon fast in Schußnähe an ihn

herangekommen war, drehte er sich langsam ab und nahm den Wechsel an.

Ich hatte mir indessen einen Platz ausgesucht, auf dem ich gut hinüberschießen konnte, sobald der Bock nur hoch genug kam; und die Wand sah aus, als ob er möglicherweise gar keinen anderen Weg nehmen könne. Was kann aber ein Gemsbock nicht, wenn er es sich einmal in den Kopf setzt? Plötzlich, ohne daß er im Stande gewesen wäre, Witterung von mir zu haben, nahm er seitwärts eine ganz steile Wand an, an der er hingaloppierte, als ob er auf breiter Straße gewesen wäre. Ragg schrie und gestikulierte unten, aber alles umsonst, das störte ihn gar nicht, und an einer Wand von etwa siebzig Fuß Höhe, die scheinbar nicht den geringsten Halt - selbst für den Fuß einer Gemse bot, glitt er, halb auf den Hinterläufen rutschend, hinab, sprang unten über den Bach, setzte die andere Wand hinauf und war wenige Minuten später im Dickicht verschwunden.

Was ihm Ragg unten nachwünschte, weiß ich nicht, aber ich selber hatte jetzt da oben auch nichts weiter zu tun und kletterte talab, um so bald wie möglich die Riß zu erreichen.

Ein Sonntagmorgen

Wie freundlich das Schloß da tief im Tale liegt: wie rasch und munter der klare schnelle Strom vorüberspringt und wie so lustig die Flaggen auf den zierlichen Türmen wehn. Die hellen Mauern und der dunkle Wald, vom blauen Äther sonnig überspannt, so recht im Herzen des edlen Waidwerks mitten drin. Die kräftigen Gestalten der Jäger darum her. Und dann vor allem: kein Gasthaus in der Nähe, in dem sich eine Schar schwärmerischer Städter zusammenfinden könnte, von dort aus ihre Picknickpartien in die Berge hinauf zu senden. Es ist ein wonniges, ein unbeschreibliches Gefühl der Sicherheit und Lust.
Aber nicht allein die Jagd lockt dort die Leute zusammen. Am Sonntag morgen ziehen die Jäger und nächsten Nachbarn des Klosters nach der kleinen Klosterkirche, die sie hier mitten in die Berge eingebaut, und auch manch liebes Mädchengesicht lächelt da unter dem spitzen grünen Hut das freundliche »Gott grüß Dich« hervor. – »Gott grüß Dich« – wie lieb und hold das klingt. Es gibt doch keine Sprache in der weiten Welt, die noch so herzlich grüßte wie die deutsche. Wenn die Leute nur nicht alle das verwünschte Regendach trügen. Gestalten findet man unter den Bergbewohnern, wie man sie sich nicht edler und kräftiger wünschen könnte, und alle fast ohne Ausnahme mit den ehrlichen gutmütigen Gesichtern und den treuen, wenn auch ein bißchen verschmitzten Augen. Die Tracht ist dabei so malerisch, und selbst den Mädchen steht der grüne Männerhut so lieb auf den vollen blühenden Gesichtern, aber – gebt einem Apollo, gebt einer Venus einen rotbaumwollenen Regenschirm unter den Arm, und die ganze Poesie ist zum Teufel.
Ein solcher Sonntag morgen in dem Tal ist auch das schönste, was man sich in stiller traulicher Waldeinsamkeit nur denken kann. Noch hat die Sonne kaum die hohe Joche mit ihrem ersten Strahl gegrüßt, da mischt sich schon in das fröhliche Plätschern des Bergbachs, in das leise Rauschen der mächtigen Waldeswipfel das harmonische Geläut der Glocken. Wenn der Himmel dann so rein und blau herniederschaut und mit den weißen duftigen Nebelschleiern wie zum Schmuck die wundervollen Berge überhängt, dann geht das Herz dem Menschen auf, dann zwingt es ihn zur

Andacht, dann wird die ganze wundervolle Welt zur Riesenkirche, und jedes rauschende Blatt, jede flüsternde Welle predigt die Allmacht, predigt die Liebe Gottes.
Die Berge sind auch der eigentliche Tempel des Herrn, denn nirgends fühlt der Mensch sich seinem Gott so nah – nirgends so klein und unbedeutend dem Allmächtigen gegenüber.
Die Kirche ist aus. Die Andächtigen kommen einzeln und langsam aus dem Gotteshaus, nur die Frauen eilen, denn sie haben den Mittagstisch zu besorgen, und die Männer bleiben hie und da auf den Wegen plaudernd zusammen stehn. Sie haben heute nichts zu versäumen, und es wäre auch schade, wenn sie so rasch wieder nach Haus in die engen Stuben gingen und ihren blinkenden Sonntagsstaat nicht erst ein wenig in der warmen hellen Sonne lüfteten und – zeigten.

Wetter noch einmal, wie blank sie aussehn, mit den neuen hellgrünen Hüten, den reinen Hemden und den sauber geputzten Gürtelschlössern. Manche von ihnen, den Tag recht feierlich zu begehn, tragen auch lange Hosen, aber das steht ihnen nicht; sie schlenkern auch darin die Beine beim Gehn und bewegen die Knie herüber und hinüber. Es sitzt ihnen unbequem, und sie wissen's vielleicht selber nicht; die Knie wollen hinaus ins Freie, und da sie das nicht können, halten sie sich steif und ungelenk.

Dort aus dem Schloß kommt ein alter Mann. Er trägt – ungleich den anderen, trotz dem sonnigen Wetter, ihr rot und blaues Regendach unter dem Arm – ein paar blecherne Milchkannen, die er heut morgen gefüllt heruntergebracht, und die er jetzt wieder mit heim nimmt oder zurück trägt, wohin sie gehören.

Das ist ein Charakter, von dem wir in unserem, von Eisenbahnen durchzogenen und durchflogenen Flachland, kaum noch einen Begriff haben – gibt es ja doch selbst in den Bergen nur wenige seinesgleichen, ja kaum einen zweiten alten Gori. Es ist eine untersetzte, kräftige Gestalt von gesunder Farbe und mittlerer Größe und unterscheidet sich in seinem Äußeren durch wenig oder nichts von den übrigen; aber kein Mensch sieht ihm an, daß er schon zweiundsiebzig Jahre zählt – obgleich nicht soviel graue Haare auf

seinem Haupte sind – und daß er sechzig davon hier im Tale zugebracht. Sechzig Jahre hier in den Alpen, in den engen Felsenkessel eingezwängt, ohne ein einziges Mal den Fuß hinausgesetzt zu haben ins flache Land oder hinüber über die Alpen »auf die andere Seite«. Sechzig Jahre, und was seitdem geschehen da draußen, davon hat der Mann keine Ahnung; er kennt es nicht, er kümmert sich nicht darum. Als Knabe kam er her, und was die nächsten Joche hier umspannen, ist für ihn die Welt. Andere haben ihm von der Herrlichkeit draußen, von den Wundern des flachen Landes, vom Dampf und seiner Kraft, vom Telegraphen, von weiten, ebenen Flächen erzählt, über die man Tage lang marschieren könne, ohne den Fuß nur mehr als vom Boden zu heben; von Eisenbahnen, von Schiffen, von Amerika – er hört das auch recht gern und nickt dazu mit dem Kopf und lächelt. Aber all die Sachen haben für sein Ohr nur ein und denselben Klang: sie gehören der Welt nicht an, in der die Riß fließt, und sie existieren deshalb nicht für ihn. Amerika – das liegt »im flachen Land« – was soll er draußen?

Abgeschlossener lebt kein Südseeländer auf seiner kleinen Insel mitten im Weltmeer von seiner Brotfrucht und seinen Kokosnüssen, wie der alte Gori hier im einsamen Tal von Käse, Butter und Milch. Und da ihm das Bedürfnis fehlt, hinaus zu kommen, ist auch kein Grund vorhanden, anzunehmen, daß er sich nicht vollkommen glücklich fühle. Trotz seinem Alter arbeitet er dabei noch rüstig fort. Er hat auch wohl ein paar hundert Gulden gespart oder geerbt, ich weiß es nicht; in ihrem Besitz ist er aber, und das Kapital scheint ihm die einzige Sorge zu machen, die er überhaupt im Leben kennt. Vorsichtigerweise steckte er sein kleines Vermögen allerdings nicht in unzuverlässige Aktien sondern in einen alten Strumpf. Die Welt aber, die er nun schon zweiundsiebzig Jahre kennt, scheint sich in dieser langen Zeit seine unbedingte Achtung doch nicht erworben zu haben, und Mißtrauen bildet einen nicht unbedeutenden Teil seines sonst so einfachen Charakters. Demnach verbirgt er seinen Schatz auch bald hier, bald da, ohne daß irgendeiner seiner Hausgenossen eine Ahnung hat, welcher Ort der bevorzugte sei. Man kannte vor einiger Zeit den alten Gori noch nicht als Kapitalisten, bis die Sache auf eine wunderliche Art zu Tage kam.

Einer der Arbeiter nämlich, die mit Gori in einem Haus wohnten, räumte eines Nachmittags einen Holzkasten aus und fand unten drin – zu seinem nicht geringen Erstaunen – einen Strumpf mit Geld. Der alte Gori meldete sich dann etwas bestürzt als Eigentümer, und der Strumpf verschwand aufs neue.

In früheren Jahren soll der alte Mann ein vortrefflicher Birkwildjäger gewesen sein, und da das – neben seinem Strumpf – eigentlich die einzige sichtbare Leidenschaft war, die der Alte hatte, wurde ihm die Erlaubnis erteilt, die sonst nur die wirklich angestellten Jäger haben, jährlich in der Balzzeit einen Spielhahn zu schießen. Von der machte er denn auch Gebrauch. Jahr für Jahr erlegte er richtig den gestatteten Hahn. Vor zwei Jahren nun – doch fühlend, daß er alt wurde und in einer Art von Ahnung, daß das vielleicht der letzte sein möchte, den er schösse – beschloß er seine Jagd auf würdige Art zu beschließen. Er kaufte sich den erlegten Hahn um 48 Kreutzer, lud sich eine alte Köchin vom Schloß, die er achtete, zu Gast, und verzehrte mit ihr die mutmaßlich letzte Jagdbeute seines Lebens. Eigentümlich muß dem alten Mann dabei zu Mute gewesen sein.

So verging wieder ein Jahr, die Balzzeit kam aufs neue heran und der Greis fühlte zu seiner Freude, daß er die letzte Jagdfeier doch etwas zu voreilig angestellt habe und er die Berge noch immer steigen, die Büchse noch immer führen könne. Wieder schulterte er die alte treue Waffe, er suchte sein gewöhnliches Revier auf, lockte den balzenden Hahn und – das Gewehr versagte. Beim Anpirschen war ihm das Zündhütchen vom Piston gefallen, und kein zweites fand er in den ängstlich durchsuchten Taschen. Da ist er wieder zu Tal hinabgestiegen und hat die Jagd aufgegeben. Wundern sollt' es mich aber nicht, wenn er es trotzdem dies Jahr noch einmal versuchte. Wir klammern uns ja alle an das Leben und keiner – mag er den Tod auch noch so ruhig und Gott ergeben erwarten – gesteht sich's gern und freiwillig ein: »Ich bin jetzt fertig!«

Die Jäger, die nicht ihr Dienst gerade an ein entferntes Terrain fesselt, haben sich meist hier unten eingefunden; denen aber sieht man's an, daß ihnen eine Beschäftigung, daß ihnen die Büchse auf der Schulter fehlt. Nach der Kirche schlendern sie müßig umher – und der Blick, den sie manchmal zur Sonne hinaufwerfen, scheint die Zeit herbei zu sehnen, in der sie ihr fröhliches Werk aufs neue beginnen dürfen.

Der kleine Ragg ist unter ihnen, weiß aber von seiner Zeit besseren Nutzen zu ziehen als die Kameraden und sucht Spielhahnfedern, kunstgerecht gebundene Gemsbärte, Stöße von Hasel-, Schnee- und Steinhuhn und anderen Jägerschmuck zu ziemlich hohen Preisen an den Mann zu bringen.

Eigentümlich an ihm ist selbst der Gang, mit dem er auf der belebten Straße oder im Hof dahinschreitet. Wie auf der Pirsch haftet sein Blick nicht zwei Sekunden lang an ein und derselben Stelle und sucht herüber und hinüber, bald auf den Boden hin nach den Fährten, bald nach links, bald nach rechts hinüber. Wie ein Stück Wild, das draußen in den Bergen eine friedliche Herde angenommen hat und mit ihr eine Strecke dahinzieht, scheu und mißtrauisch, aber der geringsten Bewegung, dem schwächsten fremden Laut mit Aug und Ohr begegnet, während die zahmen Tiere friedlich und unbekümmert ihr Gras von der Lanne zupfen – so wandert der kleine falkenäugige Gesell hier zwischen den ruhigen, sonntägigen Gestalten umher, und ordentlich erwartet hab ich's oft, daß er bei dem ersten ungewöhnlichen Geräusch blitzschnell im Wald verschwinden würde.

Dort unter der hohen, breitästigen Tanne stehn zwei Männer in eifrigem, und wie es scheint, heimlichem Gespräch; wenigstens schweigt der kleinere von ihnen, der etwas höchst Ärgerliches vorzutragen scheint, jedesmal still, wenn eine Gruppe der Jäger grüßend an ihnen vorübergeht; er wirft auch wohl einen mißtrauischen, unzufriedenen Blick hinter ihnen drein. – Es ist Bandey, allerdings auch in der Jägertracht, aber doch kein rechter Jäger und mit mehr weichlichen, nicht so sonnverbrannten derben Zügen wie die anderen, die ihn auch größtenteils nicht für ebenbürtig halten. Er aber, der von seinem Geschäft eine ganz andere Meinung trägt, hat die Fischerei unter sich und den Forellenteich und klagt heute morgen dem Haushofmeister des Schlosses, einer langen würdigen Gestalt mit einer Feder hinter dem Ohr und einer Brille, sein schweres Leid. Sein Forellenteich ist ihm nämlich in der letzten Zeit und nächtlicherweise arg geplündert worden, und er hat jetzt auf alle Welt Verdacht und traut keinem mehr.

»Aber lieber Bandey, wer von den Jägern sollte es denn hier wagen und angesichts vom Schloß den Teich bestehlen? Das täten sie ja schon nicht einmal dem Herrn zu Leide.«

»Die nicht?« sagt Bandey, der eine ganz andere Meinung von der Sache hat, »was machen die sich draus – sind doch die Hälft' von allen nur zahmgemachte Wilderer. Aber ich krieg sie. – Den Bandey lachen sie aus, daß er nicht schießen könnt' – ich will's ihnen zeigen ob ich's kann oder nicht.«

»Bandey – Du wirst doch nicht des Teufels sein und wegen einem paar lumpigen Forellen ein Menschenleben ... –«

»Da haben Sie's Menschenleben nicht sitzen wo ich sie hinschießen werden«, sagt Bandey determiniert, »aber soviel weiß ich, heute abend setz ich mich mit der Schrotflinten an und ich bleib die ganze Woche durch. Der Schlaf soll mich nicht verdrießen, bis ich den Dieb habe, und daß mir der dann nicht zum zweiten Mal kommt, darauf können Sie sich verlassen.«

»Und hast Du denn auf irgend jemand Verdacht hier herum?«

»Sie taugen alle mitsammen nichts«, brummt der Bandey verdrießlich vor sich hin – »die Malefizkerle die. Wo sie einem einen Schabernack spielen können, tun sie's gewiß. So ein Jäger hat einen Stolz im Kopf, das ist ganz was Erschreckliches, und glaubt, weil er mit dem Stutzen auf'm Buckel und den Spielhahnfedern am Hut in den Bergen herumsteigen darf, er sei der liebe Herrgott. – Na, Euch will ich ›beforellen‹!«

Der Haushofmeister suchte den Mann noch einmal von seinen bösen Gedanken abzubringen, aber Bandey's Groll saß zu tief. Ärgerlich über die ganze Welt ging er heim. Was kümmerten ihn die im Sonnengold leuchtenden Berge, der blaue Himmel und das grüne Tal; daheim lud er die Flinte und in der Nacht schon begann er seine Wacht, den Übeltäter zu belauern und – zu strafen.

Die Baumgart-Alm

Wir Menschen sind ein ungenügsam Volk. Wenn es uns gut geht, verlangen wir's besser, und daß das nun einmal in unserer Natur liegt, mag nur ein leidiger Trost sein. Goethe kannte auch die Menschen im allgemeinen recht gut, und daß er seinen Faust beim Pakt mit dem Teufel die Bedingung stellen läßt:

»Werd ich zum Augenblicke sagen
Verweile doch, du bis so schön!
Dann sollst Du mich in Fesseln schlagen,
Dann will ich gern zu Grunde gehn!«

ist nur ein Ausspruch dieses ewigen Drängens und Treibens, dieser rastlosen Ungenügsamkeit. Goethe war freilich kein Jäger; er hat nie die Wonne gekannt, nach dem blitzenden Schuß die scheue Gemse auf ihrer sicher geglaubten Höhe zusammenzucken und prasselnd, klammernd in die Tiefe rollen zu sehn. Ich wenigstens wäre nach solchem Pakt meinem Kontrahenten schon verschiedene Male verfallen gewesen.

Kein Wunder denn, daß es den Jäger aus dem reizenden Tal und aus dem freundlichen Schloß wieder hinauf in die Berge zieht, und wir segnen den Abend, der uns mit freundlichem Sonnengruß den Pfad mit seinem schönsten Glanz überstreut. Mir ging es da immer wie Jean Pauls gemütlichem Schulmeisterlein Wuz, wenn der als Schulknabe noch in die Ferien zog. – Ich hatte Mitleiden mit allen Menschen die zurückbleiben mußten. –

Und diesmal geht es nicht in ein bequemes Pirschhaus hinauf sondern in den wildesten Teil der Berge, in die sogenannte Delpz, einen rauhen Talkessel, in dessen Nähe ein Hochleger mit einer ziemlich geräumigen Almhütte liegt. Ein kleines Häuschen von der Größe eines zweischläferigen Schilderhauses, gerade ausreichend um ein Bett und einen Tisch hineinzustellen, war dort aufgerichtet. Den Leckbach aufwärts führt dorthin der wilde Weg, und rauheren Bergstrom gibt es wohl kaum in der Welt als in jenem Tal. Der innere Kessel nämlich ist fast ganz durch das Abbröckeln und Niederbrechen der hinteren Wand, bei dem die Lawinen redlich mithalfen, vollgeschüttet worden, und riesige Felsblöcke sind von

den nächtigen Schneestürzen weit talab geschleudert, während der ganze Talboden und die Hänge mit entsetzlichem Geröll (von den Bergbewohnern Reißen genannt) bedeckt liegen.
Diese Berghänge sind in steter Bewegung. Denn fortwährend löst sich locker hängendes Gestein ab von der Wand – am meisten bei nasser Witterung und Tauwetter – und rollt und springt ins Tal nieder. Die Gemsen, die dort stehn, sind auch an solch Geräusch gewohnt und achten gar nicht mehr darauf. Oben im Baumgarten-Joch liegt die Almhütte, und selbst der Name »Baumgarten« klingt hier wie Schmeichelei, während nur von Osten her der aus dem Tal heraufdrängende Wald bis in die Nähe reicht. Der Nacken des Jochs und der benachbarten Hänge ist aber mit gutem, nahrhaftem Gras bedeckt, und nach der Delpz hinüber läuft die Lanne bis zum höchsten schroffen Rand.
Das ist überhaupt eine Eigentümlichkeit dieser Gebirge, daß sie an ihrer Nord- und Südseite einen durchaus verschiedenen Charakter zeigen. In der gewöhnlichen Bergregion und bis zu etwa 4500 Fuß tritt dieser allerdings noch nicht so augenscheinlich hervor; wie sich aber die Gebirge über diese Höhe aufstrecken, nimmt die Nordseite, während an der Südseite die Graslannen fast ununterbrochen bis zum Gipfel laufen, ihren wilden trotzigen Charakter an. Fast bei all diesen Bergen besteht der Nordhang aus schroffen, meist senkrechten Wänden, die, grau und starr emporragend, der ganzen Landschaft etwas unbeschreiblich Großartiges, Kühnes geben, das sich aber, sowie man das Auge nach Süden wendet, ganz verliert.
Allmählich steigt man deshalb auch an der Südseite dieser meisten Berge ohne weitere Schwierigkeit als hie und da über eine etwas steile Lanne empor und – sieht sich plötzlich, sowie man den höchsten Gipfel erreicht, an einem scharf abgebrochenen, furchtbaren Abgrund, der jäh unter den Füßen wegsinkt und an vielen Bergen nicht einmal von der Gemse begangen werden kann. So steigt zum Beispiel die Karwendelwand, wie die Nordseite des Karwendelgebirges genannt wird, so steil und glatt empor, daß keine Gemse dort hinüber kann und meilenweit talab oder aufwärts wandern müßte, ehe sie einen schmalen Paß fände, der an einer oder der anderen Stelle, meist durch niedergebrochenes Gestein begünstigt, ein Aufklimmen möglich machte.

Wir haben jetzt das Baumgarten-Joch betreten und schreiten noch kurze Strecke den Hang hinab, wo die niederen flachen Almhütten liegen, Schildkröten nicht unähnlich. Der Boden ist hier merkwürdig vom Vieh mißhandelt worden, das sehr törichterweise immer wieder in seine eigenen Fußstapfen tritt und die Wiese dadurch in eine künstliche Sammlung von Schlammlöchern und Grasknollen verwandelt.

Unterwegs war kein Wild zu sehn, da die Jäger und Lastträger etwa eine Stunde früher – einige davon überholten wir noch unterwegs – hier eingetroffen waren.

Auf der Alm angekommen, sahen wir die Jäger unter der Tür der großen Hütte stehn und mit ihren Bergspektiven nach dem grasigen Rand des Delpzkessels hinaufschauen, wo sechs oder acht Gemsen ästen, unbekümmert um die sich unten bewegenden Menschlein. Sie waren jedenfalls die Leute da unten an der Alm gewöhnt und wußten recht gut, daß ihnen die Delpz zu jeder Zeit einen sicheren Rückzug bot.

Die Baumgarten-Alm ist ebenfalls ein Hochleger der Sennen; diese Art Hütten werden hier in den Alpen in Hoch-, Mittel- und Unterleger eingeteilt. In die Unterleger, die am tiefsten unten am Berg liegen, ziehen die Sennen im Frühjahr oder anfangs Sommer, sobald der Schnee dort gewichen ist, während die höher liegenden Strecken dem Vieh noch nicht zugänglich sind. Wie der Schnee schwindet, rücken ihm die Hirten nach und nehmen dann im Mittelleger ihre Wohnung, bis sie im hohen Sommer mit ihren Herden die oberen Alpen beziehen, und sich dann, freilich nur für kurze Zeit, im Oberleger einquartieren können. Der eintretende Winter oder Herbst treibt sie wieder hinab, und Anfang Oktober verlassen sie die Alpen ganz, um in die tiefer gelegenen Täler, meist nach Lenggries, Tölz und die dortige Umgegend zurückzukehren. Die meisten dieser Hirten, die jene Almen pachten, sind bayrische Untertanen.

Allmählich wurde es dunkel, und nur auf den höchsten Jochen lag noch das Dämmerlicht des scheidenden Tages.

Die Alm selber sah wild und abenteuerlich aus. Fünf oder sechs zu den verschiedensten Zwecken benutzte Almhütten lagen bunt zerstreut an dem nackten Hügelhang, und kein einziger Baum versprach gegen den Wind Schutz, für die Sonne Schatten. Der Boden selber zwischen den einzelnen, aus rohen Stämmen roh aufgerichteten Gebäuden, war von dem Vieh zu einem sanften Brei getreten und hatte nur Zeit bekommen, oberflächlich wieder abzutrocknen. Die eingedrückten Klauenspuren machten ihn dabei rauh und holperig, während er zugleich eine gewisse ängstliche Elastizität bewahrte.

Hell leuchtete indessen das Feuer aus dem inneren Raum der größten Hütte, die einem aus Versehn platt gedrückten, gewöhnlichen hölzernen Wohnhaus nicht unähnlich war. Etwa dreißig Fuß lang und zwanzig breit, begann das mit Steinen reichlich beschwerte Schindeldach seitlich schon etwa sieben Fuß vom Boden und hob sich in der Mitte höchstens bis zwölf Fuß hoch. – Wie aber sah es da im Innern aus? Wenn noch vor ein paar Monaten, vielleicht vor Wochen, stille Hirten ihren Käse und »Schmarren« hier gegessen hatten und die hölzernen Löffel und andere friedliche Werkzeuge der Butter- und Käsebereitung auf den Querbalken der Hütte gelegen waren, so sah dies jetzt ganz anders aus.

Statt der schläfrigen Sennerinnen, die damals ihre Blechpfanne auf den Kohlen herumgestoßen haben mochten, wirtschaftete jetzt der Koch in schneeweißer Jacke, Mütze und Schürze zwischen dem so gut wie möglich untergebrachten Vorrat und Geschirr. Die friedlichen Hirten hatten rüstigen, bärtigen Jägern Platz gemacht, und auf den Querbalken lag eine wackere Reihe von vierzehn bis sechzehn Stück Doppelbüchsen und Büchsflinten drohend ausgestreckt.

Das Eigentümlichste in dem weiten, sonst eben nicht eleganten Raum waren aber zwei mächtige Feuerplätze rechts und links von der Tür in den nächsten Ecken. Die Feuerstellen befanden sich auf Steinen, die auf dem hölzernen Fußboden lagen, und die Flammen loderten gegen die glänzend schwarz gebrannten, wie glasierten Balken des Plafonds.

Um das Feuer rechts sammelt sich jetzt die Schar der Jäger und Träger, die kurzen Pfeifenstummel im Mund, erzählend und lachend und die Vorgänge der letzten Tage besprechend, während an dem Feuer links die Jagdgesellschaft Platz nimmt. Aber einzelne der Jäger drücken sich auch mit seitwärts an dies Feuer an. Sie

wissen schon, wie freundlich man mit ihnen ist und lauschen gar zu gern dem, was dort gesprochen wird und sie oft weit hinweg aus ihren Bergen führt.
Und merkwürdige Gestalten sieht man dabei, von denen der Leser erst die wenigsten kennt.

Weinseisen heißt einer von ihnen, ein Bursche in den besten Jahren noch, wenn auch schon mit mancher Falte auf Wange und Stirn. Ihm fehlt ein Auge, aber niemand weiß das, denn eine ziemlich breite, nach innen gekrümmte Locke hat er so trefflich über das fehlende hinübergezogen, daß es die Lücke auch nicht auf einen Moment sichtbar werden läßt. Er gilt dabei als einer der besten Jäger im Revier und ist still und schweigsam. Das eine Auge vermißt er nicht, denn das andere ist so scharf, als ob es einem Jochgeier gehörte.
Ein anderer ist Michel, unstreitig der hübscheste von allen; ein junger Bursch von sechsundzwanzig Jahren, mit einem gar so offenen, ehrlichen und guten Gesicht und so treuen blauen Augen, denen das freundliche Lächeln prächtig steht. Ein guter Jäger und kecker Steiger wie alle, hat er eine besondere Vorliebe, einen besonderen Blick für Blumen, und vom Edelweiß, das oben in den

schroffen Nordwänden der steinigen Gebirge steht bis zum blau und roten Vergißmeinnicht, das an den Bächen der hochgelegenen und geschützten Täler keimt, sucht und findet er die einzelnen Blüten, die der einbrechende Herbst bis dahin noch verschont. War sein Weg den Tag über noch so rauh und wild, so prangt sein Hut doch, kehrt er abends zurück, von einem Blumenflor.

Nachdem man sich lang in der zivilisierten Welt herumgetrieben und dort die ausgemergelten, faden, geputzten, nur vom Schneider zusammengehaltenen Menschenbilder geschaut hat, tut es einem wohl, wieder auf so kräftige Glieder, in so ehrliche Augen zu blicken.

Die Leute da oben, ob sie fast durchaus in einer Wildnis leben und wenig mit Menschen zusammen kommen, haben auch gar nichts Ähnliches mit den Menschen des flachen Landes und gleichen weit eher den ungezwungenen wilden Gestalten der amerikanischen Backwoodsmen.

Der Bergbewohner hat eine ihm angeborene Natürlichkeit, ja ich möchte sagen Grazie, die sich in allen seinen Bewegungen ausspricht. Er ist nie scheu und verlegen, selbst nicht den Höchsten gegenüber, er ist aber auch nie grob und unverschämt, und sein natürliches Gefühl führt ihn fast stets den richtigen Weg, den Weg eines Mannes, der da weiß, daß er das leistet in der Welt, was man von ihm verlangt – verlangen kann.

Alle diese Leute hängen dabei mit einer unendlichen Liebe an ihrem hohen Jagdherren, und die Zeit, die er bei ihnen zubringt, ist ihnen nicht eine Zeit der Mühe und Arbeit, trotz den beschwerlichen und gefährlichen Wegen, die sie in den Tagen zu durchsteigen haben, sondern mehr wie ein fröhliches Fest, auf das sie sich das ganze Jahr schon freuen und das ihnen, neben der fröhlichen Jagdluft, ja auch Verdienst und Nutzen bringt. Ihr Stolz ist dabei die waidmännische Pflege der Jagd, das Hegen und Jagen des edlen Wildes. Und daß der Herr sich dem mit solcher Lust und Liebe hingibt und so wacker mit ihnen über die schroffen Pfade in die steilsten Hänge hineinsteigt, daß er ebensowenig die dichten ungeleckten Latschen wie die bröcklichen Wände scheut, das freut sie vor allem anderen. Und wie traulich sitzt es sich an den knisternden Flammen, die selber toll und lustig ihre goldenen, sprühenden Funken zum

schwarz gebrannten Dach emporwirbeln, und welchen wunderlichen Schein werfen sie auf die bunt darum gruppierten malerischen Gestalten. Es ist gerad kein fürstliches Gemach, das uns umgibt, und die rauhen Stämme, die die Wand bilden, der nackte Boden, der etwas wackelige Tannentisch in der Mitte, die wunderlichen »Lehnstühle« selbst am Feuer, die aus halb durchgebrochenen rund hölzernen Schüsseln bestehn – in denen es sich aber ganz vortrefflich sitzt –, ließen vielleicht in Hinsicht der Eleganz manches zu wünschen übrig, aber: es ist ein echtes Waidmannslager in den Bergen, und wer daran Lust und Freude findet wie der Herzog und nicht verweichlicht genug ist, gepolsterten Sitz und gewohnte Bequemlichkeit zu vermissen, dem geht das Herz hier auf. Wenn das Feuer knistert und sprüht, dann ist Zeit für die Erzählungen und Berichte der Jäger aus den angrenzenden und zum ganzen Revier noch gehörenden Distrikten.
Wo in den Bergen ein verdächtiger Schuß gehört wurde, wird besprochen, wo die meisten Gemsen stehn, wie es mit dem Rotwild aussieht und dem Raubzug, und ob kein Luchs wieder in den Bergen gespürt worden.
Raubzeug gibt es in der Tat nur noch sehr wenig im Gebirge, und wohl kann man sagen leider, daß dem so ist, denn wie viel interessanter würde die Jagd dadurch! Ließe sich aber wirklich einmal wieder ein Bär da sehn, da wär' der Teufel auch sicherlich in den Bergen los, denn alles würde in der ganzen Umgegend aufgeboten werden, ihn zu erlegen oder zu vertreiben. Begnügte er sich freilich mit Wild und Gemsen, ließen ihn die Hirten wohl gern in Frieden, aber die alten schwarzpelzigen Burschen setzen es sich in den Kopf, auch manchmal ein Rind totzuschlagen – oft aus lauter Übermut oder um sich nach Tisch ein wenig Bewegung zu machen – und das können die Hirten nicht vertragen.
Auch kein Luchs läßt sich mehr in den Bergen sehn, von denen die Schweiz doch noch einige aufzuweisen hat. Nur der Fuchs treibt die hohe Jagd auf Hasel-, Schnee-, Birk- und Steinhühner, lauert dem weißen Alpenhasen auf, wenn er zur Nacht um die verlassenen Sennhütten spazieren geht und wagt sich auch wohl, wenn ihm die Gelegenheit dazu wird, an ein Gemskitz.
Mitten zwischen den Jägern steht, um einen halben Kopf größer

als irgendeiner der anderen, ein rauher, eben nicht übermäßig reinlicher, aber enorm kräftiger, stattlicher Mann, mit rotem Gesicht, blonden Haaren, gutmütigen blauen Augen, riesigen Fäusten. Braver, ehrlicher Jackel, wie manche schwere, schwere Last hast Du auf Deiner »Kraxen«* unermüdet, unverdrossen, immer willig, immer guter Laune hinauf zu Berg getragen, wie manche Gemse – und zwei und drei manchmal zu gleicher Zeit – hinunter in das Tal. Aber Du verdienst auch eine nähere Beschreibung, und sie soll Dir werden:

Jackel ist ein Original, aber eins, an dem man seine rechte Freude haben kann. Von kräftigem, breitschulterigem, knochigem Körperbau, stark und muskulös, und dabei von viel größerer Gestalt als man es seiner Breite gleich ansieht, eignet er sich vortrefflich für das Geschäft, dem er sich, während der Jagd wenigstens, unterzogen: zum Lasttragen. Und es ist wirklich kaum glaublich, was der Mann öfters die steilen hohen Berge auf seinen Schultern stundenweit hinaufschafft. Er teilt dabei, nicht zu seinem Vorteil, den, ich möchte fast sagen Aberglauben der Leute seines Standes und Gewerbes, wie auch mancher anderer Arbeiter im Gebirg (bei den

* Hölzernes Tragegestell

Jägern selber hab' ich es nie bemerkt), den Aberglauben nämlich, daß ihm ein reines Hemd zur Schande gereiche. – »Die Leut' müssen ja denken man arbeitet nichts, wenn man immer wie sonntags herumgeht« sagt er, und übertreibt seine Gewissenhaftigkeit, selbst den Schein zu vermeiden, sogar bis über den Sonntag hinüber und in und durch die nächste Woche.

Seine Lebensbedürfnisse sind dabei von einfacher Art: – von seinem ersparten Geld beispielsweise kauft er sich noch in der Herbstjagd einen starken Gemsbock. Aus zwei Gemsfellen macht er sich dann eine Lederhose. – Das Wildbret wird bis auf das letzte Genießbare getrocknet und für den Winter aufbewahrt und »in kleinen Stücken« – damit es »recht lang reicht« – verzehrt.

Dazu gehört aber noch Schmarren – das einzige wirkliche Bedürfnis der Bergbewohner, denn ohne Schmarren könnten sie nicht bestehen. Er ist ihnen was der Reis dem Inder, der Damper dem australischen Schäfer, die Eichel dem kalifornischen Indianer, die Brotfrucht dem Südseeländer, das Maniokmehl dem Neger, die Kartoffel dem Deutschen, der Mais dem Amerikaner. Die Bereitung ist dabei einfach genug: Mehl wird mit Milch oder Wasser angerührt und kommt als Brei, wie zu einem Pfannkuchen, mit Schmalz in die Pfanne. Hier aber wird ihm nicht gestattet, sich zu einem abgerundeten Ganzen zu formieren, sondern der brodelnde, zischende, backende Brei wird fortwährend mit einem Messer oder anderen Instrumenten gestoßen und geärgert, bis er endlich zu einer bröcklichen, von dem Fett je mehr desto besser durchdrungenen Masse quillt. Mit ein paar Pfund Mehl und wenig Schmalz ziehen diese Leute auch im Winter, wo besonders die Jäger die entlegenen Reviere begehen müssen, wochenlang in dem Schnee der Berge umher. Sie lagern in den einsamen öden Almhütten und behaupten, daß ihnen der Schmarren mehr Kräfte gebe als selbst das Fleisch.

Eine Anekdote von Jackel wird aber ein viel besseres Bild von ihm entwerfen, als ich im Stande wäre hier mit bogenlanger Beschreibung zu liefern:

Ein älterer Herr aus der Jagdgesellschaft sah eines Tages, als er eben an einer ziemlich steilen, wenigstens sehr rauhen Wand hinpirschte, einen Mann dieselbe, nur mit einem Stock und einem Bergsack auf dem Rücken, herunterkommen. Er blieb stehn und erkannte bald zu seinem Erstaunen Jackel, der – mit einem Schuh an und den andern Fuß nackt – über das scharfe Geröll unbekümmert niederstieg und ganz ruhig, auf die überraschte Frage des Herrn, wo er den anderen Schuh gelassen, erwiderte, er habe ihn nach Lengries, der sieben Stunden entfernten Stadt, zum Schuhmacher gebracht und müßte nun so lange bis er gemacht sei, so herumgehn. Der Schütze äußerte dabei sein Befremden, daß Jackel hier in den rauhen Bergen solcher Art umherliefe, während er selber kaum mit seinen kräftigen Schuhen fortkomme. »Ja wenn's mit Ihne Schuh nicht weiterkommen«, meinte der Jackel daraufhin ruhig »dann trag ich Sie da hinunter.«

Die Proposition wurde im gutmütigsten Ernst gemacht, und hätte es der Schütze angenommen, Jackel würde ihm mit der größten Freundlichkeit und ohne irgend etwas Außerordentliches daran zu finden, den steilen steinigen Hang trotz seinem nackten Fuß wirklich hinuntergetragen haben.

Heller knistert und flackert das Feuer, von neu aufgeworfenen Bränden genährt, und Jackel kommt eben mit einem Kübel frischen Quellwassers herein, den er aus dem nahen, durch eine Rinne gefangenen Quell geholt. – Das ist ein Trunk! Ich bin gerade sonst kein besonderer Freund von Wasser und eigentlich der Meinung, daß der liebe Gott dies Element den Menschen nur als Urstoff geliefert habe, es zu anderen Getränken, hauptsächlich jedoch zum Waschen zu verwenden. Dort oben in den Bergen aber, und ganz vorzüglich in der Baumgarten-Alm, quillt eine so wundervolle kristallhelle und wohlschmeckende Flut, wie ich sie noch nirgends in der weiten Welt gefunden. Ich weiß das Wasser dort wirklich mit nichts anderem als mit Champagner zu vergleichen.

»Nun, Jackel, wie steht es mit dem Wetter?« frug man den Eintretenden – »sieht es noch gut aus?«

»Nun, es ist nur klein hübsch draußen«, erwiderte Jackel, den Kübel sorgfältig in die Ecke stellend »es macht recht dunkel, und Sterne sind auch keine zu sehn – aber warm und ruhig ist's sonst.«

»Wenn nur ein bißchen Schnee käme«, sagte der kleine Ragg, »es wäre schon recht, die Gemsen zögen sich dann alle lieber in die Joche hinauf.«

»Aber in der Delpz liegt doch Schnee?«

»Es liegt schon etwas drin, aber es dürft mehr sein.«

»Jetzt kam's mir beinah draußen vor, als wenn ich einen Schuß danüber gehört hätt'«, sagte der Jackel, »es schallte grad so.«

»Nun ein Wilddieb war's bei der Dunkelheit nicht«, lacht der Ragg »es kann auch ein Stein gewesen sein, der sich irgendwo losgebrochen hat. Manchmal schallt das gerad' so wie ein Schuß.«

»Von Wilddieben habt Ihr doch hier in der letzten Zeit nichts weiter gespürt?«

»Nichts wieder, seit der Mann im vorigen Jahr drüben im Bayrischen von dem Soldaten erschossen wurde – es ist überhaupt hier lange nicht vorgekommen.«

»Aber der Mann, der damals in den Bockgräben gefunden wurde – hat man nie erfahren wie er dahingekommen, und wer er war?«

»Nein«, sagt der große Ragg etwas zögernd – »er hatte auch schon zu lange gelegen und war so zerfallen von dem Sturz die Wand runter. Ist wahrscheinlich im Nebel verunglückt.«

»Der wurde damals gleich draußen begraben, nicht wahr?«
»Nein, ich hab' ihn 'nunter ins Kloster getragen«, sagte Jackel ruhig.
»Getragen? – auf den Schultern?«
»Auf der Kraxen, ja – oh er war nicht mehr so schwer, denn er hatte schon seine acht oder neun Monat gelegen, aber« – setzt Jackel hinzu, und es schien doch, als ob ihm die Erinnerung schaudernd durch die Seele liefe – 's war grad keine hübsche Ladung, und ich trag Gemsen lieber.«
»Zwei Menschen sind doch auch wieder im letzten Jahr die Wand hineingefallen«, sagt da der kleine Ragg, indem er die Augenbrauen so in die Höhe zieht, als ob er das, was er sagte, selber nicht glaube – »ein Mann und ein Mädchen.«
»Die Haßlich-Tochter, von der hohen Alm. Sie hat Gras an einer

steilen Lanne geschnitten. Beim Bücken muß sie's aber versehen haben, sie ist ins Fallen kommen und hat sich nicht mehr halten können. Ihr Bruder war dicht bei ihr und hat zuschaun müssen, wie sie abgestürzt ist.«

»Und der andere?«

»War ein Enziansucher, der vom Roßkopf hinuntergefallen ist. Wie es geschehen ist, weiß man nicht. Er ist abends nicht nach Haus gekommen. Am anderen Tag ist sein Bruder ihn suchen gegangen, er hat ihn auch gefunden, drinn in einer von den Schluchten. Er soll schrecklich ausgesehen haben. Was er noch vom Körper finden und zusammenlesen konnte, hat er im Schneuztüchel nach Haus getragen.«

»Von der Scharfenwandkar ist auch ein Fremder hinuntergefallen, er hat sich aber weiter nichts getan«, sagte der Wastel.

»Das war ein Allgäuer«, schmunzelte der große Ragg.

»Ja, das kann schon sein«, sagte Jackel auf seine gewohnte bedächtige und ganz ernste Weise. Die anderen lachten. »War der Mann bekannt hier?«

»Oh, der Jackel hat seine besondere Art, wie er die Allgäuer kennt«, lachte der kleine Ragg.

»Ich nicht«, verteidigte sich Jackel, »aber mein Wirt meint, einen Allgäuer könnt man immer kennen. – Wenn man ihn mit einem Stück Holz auf die Nasen schlägt und er niest nicht, so ist's gewiß einer.«

Lautes Lachen schallte von allen Seiten der Hütte, brach aber plötzlich, wie mit einem Schlag, kurz ab, während aller Gesichter im ganzen Raum den Ausdruck scharfer gespannter Erwartung zeigten. Nur Jackel sah sich verwundert um und wußte nicht, was plötzlich geschehen sein könne.

»Das war ein Hirsch«, flüsterte Weinseisen.

»Ja – ich glaub's auch«, sagte Ragg mit ebenso vorsichtig gedämpfter Stimme.

»Hu–ah–h–h–h!« tönte da draußen, kaum vierhundert Schritt vom Haus entfernt der Ruf aufs neue klar und deutlich herüber, und mit einem freudigen Lächeln in den Zügen horchten alle dem wohlbekannten, so gern gehörten Laut.

Aber keiner regte sich.

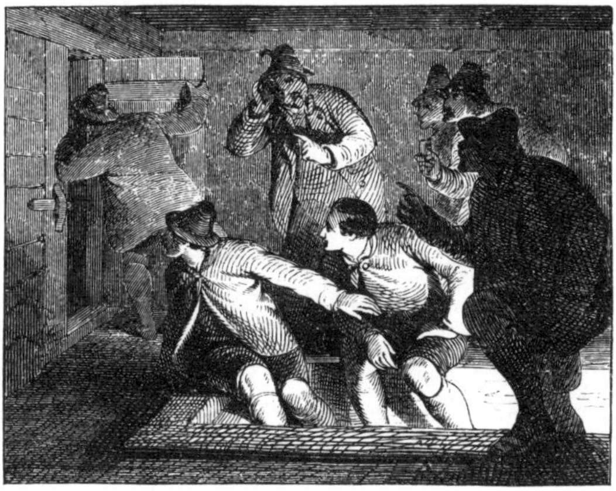

»Hu–ah–h–h–h–h!« noch einmal der wunderbare Schrei. Leider waren aber jetzt die Hunde ebenfalls aufmerksam geworden. Bergmandl, der zahme Dachs, der mit am Feuer lag, hatte schon lang geknurrt und Pirschmann, der draußen war, schlug an. Das mochte dem Hirsch doch nicht angenehm sein, denn er wurde nicht wieder laut.

»So was könnt' ich die ganze Nacht hör'n«, sagte Martin.

Das Gespräch lenkte indessen bald wieder in die frühere Bahn ein – in das, was eben das praktische Leben der Jäger und ihre alltäglichen Erlebnisse und dann auch wohl einmal ein außergewöhnliches Abenteuer betraf.

Merkwürdigerweise existieren in diesen wilden Bergen gar keine Sagen, während die Schweiz deren so viele birgt. Alles was die Menschen hier umgibt, ist reelle Wirklichkeit; und wie fast jedes andere europäische Volk seine Kobolde oder Wichtelmännchen, seine Nymphen oder Nixen, oder – wo die fehlen – wenigstens irgend das eine oder andere anständige Gespenst hat, das dann und wann einmal sich sehen läßt oder Glück oder Unglück bedeutet, sind diese schönen Berge hier jedes solchen geheimnisvollen Zaubers beraubt.* Man hat die armen Geister mit der trockenen Vernunft sauber hinausgefegt aus Schlucht und Klamm und von den

* Hier wurde Gerstäcker falsch informiert. Es gibt viele Sagengestalten des Gebirges.

hohen Jochen nieder, auf denen sie doch gewiß einmal in früherer Zeit gehaust.

Gespenstergeschichten sind aber auch eigentlich in den Bergen nichts nütz. Der Mann braucht dort seine fünf gesunden Sinne, um den Gefahren kaltblütig die Stirn bieten zu können. Es ist keineswegs gesagt, daß das Herz, das der augenscheinlichsten Todesgefahr ohne ängstliches Klopfen entgegengeht, nicht stillstehn würde, wenn es sich um irgendein abgeschmacktes, wenn nur übernatürliches Schrecknis handelt; wir haben davon auf See und Land zu viele Beispiele. Hat es der Mann allein mit der Natur zu tun, und wenn sie ihm in allen ihren Schrecken entgegenträte, kann er sich mit kaltem Blut und festem Mut noch manchmal retten. Kommen übernatürliche Schrecken, kommt irgendein toller Aberglaube dazu, so ist er fast immer verloren.

»Ist nicht neulich einmal einem von Euch hier ein Unglück auf der Jagd passiert? – Wenn ich nicht irre, hat sich einer geschossen.«

»Von uns nicht«, nahm Wastel das Wort. »Dem Kaltschmidt seinem Bruder ist die Büchse losgegangen, und er hat sich zwei Finger zerschossen.«

»Durch Unvorsichtigkeit?«

»Nein. Er hatte einen Gemsbock erlegt, lädt seine Büchse wieder und steigt dann hinüber ihn zu holen. Dort angekommen, wo der Bock im Feuer zusammengestürzt war, bricht er ihn auf, packt ihn in den Bergsack und hebt sich den auf den Rücken. Wie er aber die neben ihm lehnende Büchse über die linke Schulter wirft, reißt ihm der Büchsenriemen ab, oder das Leder geht aus der Schraube, und als er unwillkürlich mit der Hand zufährt, sie zu halten, greift der dabei vor den Lauf, der Hahn trifft wahrscheinlich auf einen Stein, der Schuß fährt heraus, und die Kugel schlägt ihm den vierten Finger ganz und den dritten halb weg. Nun hat er erst eine ganze Weile nach seinem Finger gesucht, ihn aber nicht wieder gefunden.«

»Er war doch nah bei Menschen?«

»Das gerade nicht«, sagte Wastel lachend – er mußte drei Stunden gehn bis er nach Hause kam. Seinen Bock hat er aber darum nicht im Stich gelassen, und er ist glücklich damit heimgekommen.«

Es war nichts Übertriebenes in dem Bericht. Mit der furchtbar verstümmelten Hand hatte der Mann die schwere Gemse den weiten Weg zurückgetragen. Nachher war er glücklich geheilt worden.

»Und solche Fingerwunden sind gar schlecht«, meinte Weinseisen – »der Waldwart weiß auch davon zu erzählen.«

»Ja, aber ich habe mich nicht geschossen«, fiel der Angeredete ins Wort, »mich hat ein Wilderer hineingebissen.«

»Ein Wilderer?«

»Es sind schon ein paar Jahr her, da hab' ich beim Heimjoch einen Schuß gehört. Gleich bin ich in Deckung gegangen und hab' nach dem Schützen gesucht. Auf einmal hatt' ich einen fremden Kerl mit einer grauen Joppen gesehen, wie er auf einem Stein sitzt, den schwarzen Bergsack neben sich, und auf dem Boden liegen sein Stutzen und eine Gams, die er gerade geschossen hat. Der Wind war ziemlich stark, und er hat mich nicht gehört, wie ich mich durch die Latschen an ihn herangepirscht hab'. Er war völlig überrascht, wie ich aus den Latschen herausgesprungen bin und ihm gedroht hab', daß ich ihn über den Haufen schieß, wenn er die Hand nach der Büchse ausstreckt. Ich hab ihm dann den Stutzen weggenommen und hab ihm gesagt, er soll die Gams einpacken und auf den Rücken nehmen und dann hat er mit mir gehen müssen. Er hat gejammert, damit ich ihn laufen lasse, aber das hat ihm gar nichts genützt.

Inzwischen hat er gebeten, daß ich ihn einmal ausrasten laß. Er hat die Gams abgelegt und sich hingesetzt. Nach einer Weile hab ich weitergehen wollen, und da ist er auf einmal aufgesprungen wie der Blitz und hat mir mit einem Stein an den Kopf geschlagen. Ich hab ihn dann an der Schulter und an der Kehle gepackt, und dann haben wir zu raufen begonnen. Dabei hat er meinen Daumen erwischt und hineingebissen. Ich hab in auslassen müssen, und er ist davongelaufen. Mein Finger ist hernach ganz schlimm ›worn‹.«

»Wie Jackel noch gewilddiebt hat, soll ihm auch einmal ein Jäger die eine Fingerkuppe weggeschossen haben«, sagte auf einmal der Kammerdiener ganz ernsthaft aus dem Hintergrund hervor.

»Wer? Ich?« rief Jackel, dem die Pfeife beim Zuhören wohl zwanzig Mal ausgegangen war, ganz erstaunt. »Ist ja gar nicht wahr«. Den Finger hab ich mir mit einem Handbeil weggeschlagen.« – Die anderen Jäger lachten.

»Hat nicht der Rainer vor ein paar Jahren einmal dem Jackel ein Gewehr weggenommen?« frug ich, das Bergmandl vor mir auf dem Schoß haltend und es langsam streichelnd.

»G'raubt hat er's?« rief Jackel, dem die Frage eine höchst fatale Erinnerung weckte – »heimlicherweise aus der Hütte raus.«

»Was hattest Du mit einem Gewehr in der Hütte zu tun?« verteidigte sich aber Rainer – »Du bist kein Jäger.«

»Das weiß ich«, sagte Jackel, und sog vergebens an der ausgegangenen Pfeife, »aber damals, im Jahr 1848 hab ich mir ein gutes Gewehr gekauft. Es hat mich fünf Gulden gekostet und geschossen hat es gut. Weil ich's nicht zu Haus hab lassen wollen, hab ich's mit auf die Alm genommen, zum Holzhacken. Der Rainer aber, der ist mir nachgeschlichen und hat sich hinter einen Busch gelegt, und während ich gearbeitet hab', ist er aus dem Busch herausgekommen und hat mir das Gewehr mitgenommen.«

Jackel stand in der Tat in dem Verdacht, früher manchen eben nicht nötigen Spaziergang in den Bergen gemacht zu haben. Die Zeit lag indessen hinter ihm, und er leugnete das jetzt hartnäckig. So gutmütig diese Burschen dabei sind, so schlau sind sie, und als ihm der Herzog einmal in den Bergen befahl, seine Büchse zu laden, stellte er sich so ungeschickt dabei an, als ob er gar nicht wisse, was unten hin gehöre, die Kugel oder das Pulver.

Der Jagdplan für den morgenden Tag wurde jetzt besprochen, und da wir vor Tag aufbrechen mußten, unseren Stand noch vor der Morgendämmerung zu besetzen, stand der Herzog auf, die Nacht auf seiner mit Heu gestopften Matratze unter einer wollenen Decke zu verbringen.

»Wieviel Uhr ist's? – es muß schon spät geworden sein.« Rainer hat rasch nach seiner silbernen Uhr gesehn.

»Zehn Uhr, Hocheit.«

»Zehn Uhr?«

»Point du tout, zehn Uhr!« versicherte Rainer.

Die meisten Jäger schliefen in einer anderen Almhütte, in der noch Heu vorrätig lag, und krochen dort hinein. Der Kammerdiener hatte mit dem Mundkoch sein »Bett« in einer Ecke der Hütte hier gemacht, und während einige Jäger ebenfalls ins Lager krochen, sammelten sich andere noch um das Feuer, stopften sich eine frische Pfeife und sprachen sich über ihre morgigen Jagdhoffnungen aus. Auch Jackel hatte, da der Raum frei wurde, seine Pfeife wieder frisch gestopft und angezündet. Er ging jetzt daran, seine nächtliche Arbeit zu beginnen.

Ihm war nämlich das Amt übertragen, sämtliche Schuhe der Schützen wie des Kammerdieners und Kochs zu schmieren und etwa herausgebrochene Nägel, sogenannte Zahnlücken, nachzusehen und wieder auszubessern. Das hielt ihn allerdings manchmal bis spät in die Nacht beschäftigt, verhinderte ihn aber nie, morgens der erste wieder am Platz zu sein und Feuer anzumachen.

»Nun Jackel, wie ist es den letzten Sommer hier oben gegangen; gut?«

»Muß ja wohl gut gegangen sein, ich bin ja halt immer gesund gewesen.«

»Aber er hat Ärger mit seinem Wirt gehabt«, sagt Martin, mit einem Blinzeln des linken Auges, »der hat ihm zuviel für Miete abgefordert.«

»Oh mei«, sagt Jackel gutmütig – »er braucht sein bißchen auch – vorigen Winter hat er mir's aber ganz geschenkt, weil ich ihm soviel erzählt habe, was die Herren hier untereinander gesprochen haben.«

»Und was zahlt ihr jährlich Miete?«

»Zwei Gulden« erwiderte Jackel, mit einer starken Betonung des Zahlworts, und dabei schlug er einen neuen Nagel in den vor ihm auf dem Knie liegenden Schuh.

»Zwei Gulden?« ist die erstaunte Gegenfrage, »jährlich?« – »Ja, aber ich hab' auch frei Holz dafür«, ergänzt Jackel, um seine Extravaganz in Miete doch etwas zu mildern.

»Aber das muß er sich selber klein machen«, verteidigt ihn der Kammerdiener wieder mit komischem Ernst, um den Eigennutz des Wirts in recht grelles Licht zu setzen.

»Das tue ich gern«, sagt Jackel gutmütig.

»Und mit was beschäftigt Ihr Euch nun den Sommer über?«

»Mit allem was vorkommt, eigentlich aber bau' ich Zithern und Geigen.«

»So? Und die sind wohl teuer?«

»Ja mei«, sagt Jackel, und zieht die Augenbrauen in die Höh' – »eine recht gute Geige, was sie eine Tanzmeistergeige nennen, die kann ich doch schon nicht unter sechs Gulden zusammenbringen, und eine hübsche Wiener Zither kostet auch so viel – sie sind ein bißchen teuer, aber es ist auch große Arbeit dran.«

»Und die gewöhnlichen sind billiger?«
»Ja schon – aber doch auch immer zwei bis drei Gulden, unter dem ist's nicht möglich. – Oh, ich verdien' ein recht hübsches Geld. Viele haben's schlimmer als ich, in den Bergen –.«
Ehrlicher Jackel; wie wohltätig wäre es manchem, der seine Einnahme nach Tausenden zählt und immer noch nicht zufrieden ist, immer nicht auskommt und mit dem Schicksal murrt, sich einmal mit einem solchen Mann zu unterhalten. Wie wenig braucht der Mensch und wieviel braucht er eigentlich? Mit wie wenig können Leute glücklich und zufrieden sein, und wie häufig laden wir uns selber da draußen in dem tollen Treiben, das wir die Welt nennen, neue und neue Lasten, neue und neue Bedürfnisse auf? Wir keuchen unter dem törichten Gewicht, das wir freiwillig mitschleppen und klagen das Schicksal an, daß es uns nicht zu Hilfe kommt.
Es ist Nacht, schon halb im Schlaf hör' ich noch das Klopfen Jackels, der die Randnägel in die geschmierten Schuhe schlägt. Der Wind heult über das Joch, und der Regen schlägt kalt peitschend auf das Dach nieder. – Dort steigt der Jackel, mit einem Schuh, den halbverwesten Leichnam auf der Kraxen, die steile Wand hinunter, und statt dem Bergstock trägt er eine Zither unter dem Arm. Und wie das prasselt und donnert um uns her... Das ist ein Rudel Gemsen, das über die Reißen setzt und hier hernieder stürmt – und jetzt ist die Büchse abgeschossen. Rasch das Pulver hinein, und die Kugel mit dem Pflaster obendrauf – heiliger Gott, sie steckt fest – der Ladstock bringt sie nicht hinunter, und dort steht das ganze Rudel und starrt uns an. – Ha – jetzt geht's – langsam rutscht sie nieder – der kalte Schweiß läuft mir von der Stirn – jetzt sitzt sie – der Ladstock springt – und nun ein Kupferhütchen. – Das eine rutscht aus den Fingern und fällt zwischen die Steine – die Gemsen setzen die Wand hinunter – in der Tasche muß doch noch eins stecken – keins mehr zu finden – und da auch nicht – da wieder nicht – halt, hier ist richtig noch eins im Futter drin und nun nach. Noch können die Gemsen nicht aus Schußweite sein, und wenn ich jetzt hinab nach jenem Absatz spring' – ha, wie die Steine unter dem flüchtigen Fuß hinwegstieben und nieder, nieder rollen in die Tiefe – weiter und weiter – und jetzt – der ganze Berg rollt. Wie eine furchtbare Flut schiebt sich die ganze Decke ins Tal hinab, dem

steilen Abgrund zu, und dort gähnt schon die furchtbare Tiefe schwarz herauf. – Die überhängende Latsche faßt noch die zitternde Hand, das Gewehr poltert nieder und unten – tief unten in der Nacht hör' ich den dumpfen Knall und wenn der Zweig jetzt – er knackt – er dreht sich in der Hand ... hinab ... Gott sei Dank – es war nur ein Traum!

Die Delpz

Draußen ist's still geworden. Durch das kleine Fenster schaut das Siebengestirn freundlich herein und der Sturm scheint vorüber zu sein. – »Schritte vor der Tür?« – wahrhaftig schon Morgendämmerung, der Kammerdiener kommt zu wecken.

Wie die kalte frische Luft durch die Nerven zieht und die Haut prickelt, aber den Schlaf auch dafür im Nu von den Lidern scheucht. Und was für ein wunderbares Dämmerlicht da oben auf die hohe Rasenwand der Delpz fällt, und wie nah und niedrig jetzt die Berge aussehn. Fangt aber nur an zu steigen, und sie dehnen und strecken sich und ihre Gipfel wollen nicht näher kommen, stundenlang.

Jetzt Gesicht, Brust und Hände im kühlen Quell gebadet – nun hinein an das knisternde Feuer.

Der Mundkoch ist zwischen Töpfen und Kannen emsig beschäftigt, das Frühstück für die Jäger herzustellen, und der Kammerdiener besorgt das gleiche für die Jagdgesellschaft.

Überhaupt ist dieser das Factotum in den Bergen, das Kammrad, um das sich die ganze Maschinerie des inneren Ministeriums wenigstens dreht. Stände er einmal still, es gäbe eine Heidenkonfusion. Er hat für alles zu sorgen und sorgt für alles; die ganze Einrichtung verschwindet aus dem einen Pirschhaus und taucht in dem anderen wieder auf. –

Von all den tausend Kleinigkeiten, an die zu denken ist, vergißt er selten oder nie etwas. – Alles ist besorgt, alle Träger sind zur rechten Zeit bestellt und an den rechten Ort gewiesen – Erkundigungen sind schon vorher eingezogen, ob an dem neu zu wählenden Platz Heu vorhanden ist, Matratzensäcke und Kopfkissen damit auszustopfen, wie es mit dem Proviant gehalten wird, den der Haushofmeister vom Jagdschloß aus hinauf befördern läßt. – Die Träger, die das Essen heraufbringen, nehmen denn auch gewöhnlich die erlegten Gemsen mit, und Boten wechseln dabei herüber und hinüber. Er ist zugleich Tafeldecker und Kammermädchen, Haushofmeister und Kammerdiener, bessert erlittene Schäden aus und beugt neuen vor – er hat alles an Instrumenten und Utensilien in Vorrat, was man sich nur denken kann, ein ganzes Arsenal von Knöpfen, Nadeln, Zwirn, Nägeln, Bändern, u.s.w.

In seiner ärgsten Geschäftigkeit trägt er dabei einen weißen Hut; nur morgens, nach dem Frühstück, wenn alles abgefertigt, wenn die Jagd hinausgezogen ist in die Berge und ihm das Feld allein überlassen wurde, dann hat er eine gestrickte Mütze, die er aufsetzt und die er Beruhigungsmütze nennt. Dann ist Frieden im Reich. Nur Jackel ist mit den übrigen Trägern zurückgeblieben, seine Anordnungen auszuführen.

Wir sind inzwischen aufgebrochen zur Treibjagd. Kalt und frostig schickt ein scharfer Nordost seinen eisigen Hauch herüber, und die Glieder müssen wir durch Gehn erwärmen. Das ist leichte Arbeit in den Bergen, denn jetzt, an steiler Lann hin, dem kaum sichtbaren Pirschpfad folgend, talauf und ab, fühlt man die Kälte bald nicht mehr. Und gar nicht lange, so treten Schweißtropfen auf die heiße Stirn.

Gegen Morgen hat es etwas geschneit, und in dem Delpzkessel selber, am Fuße der Nordwand, lag auch noch Schnee von früher. Dort wurde ich hingeschickt. Die Parole war dabei: ruhig und still liegen zu bleiben und sich nicht zu rühren, denn das geringste, was sich regt, gewahrt die Gemse.

Der einzige günstige Platz, den ich mir da oben, wo auch nicht der geringste Busch, nicht die geringste kleine Latsche stand, aussuchen konnte, war ein Schneeloch. Im Bergsack hatte ich den für solch eiskalten Ansitz nötigen Mantel, auch war ich noch von dem

raschen Marsch warm genug, trotz der nackten Knie eben keinen Frost zu fühlen.
Ich wartete, aber das Treiben wollte nicht beginnen. Eine Viertelstunde verging, eine halbe, eine ganze Stunde – und noch regte sich nicht das geringste – weder auf der Höhe, wo die Treiber waren, noch im Kessel drin, wo man die Gemsen erwartete.
Die Zähne fingen mir jetzt an zusammen zu schlagen, und ich kauerte mich eine Weile auf dem kalten Schnee zusammen. Die Neugierde läßt den Menschen aber auch da nicht ruhn, und vorsichtig wieder den Kopf hebend, schaute ich mit abgenommenem Hut über den Rand der kleinen Höhlung, in der ich lag, ob sich denn noch gar nichts sehen ließ. Zu hören war nicht das mindeste.
Einen wunderbaren Anblick bot, als der Tag völlig angebrochen war und die Sonne das hohe pyramidenförmige Joch des Scharfreuters beschien, der Kessel selber. Die Dämmerung hatte sich aus dem Kessel noch nicht ganz hinausarbeiten können, und der Schnee, der auf den Reißen der Nordseite lag, schillerte in bläulich matter Farbe. Kein einziger Busch war zu erkennen; nur drüben unter dem Scharfreuter, der die südliche Grenze bildet, wuchsen kleine verkrüppelte Latschen. Links hob sich dabei die vollkommen kahle schroffe Wand viele hundert Fuß empor, und gradaus lief sie zu einem engen, niederen Paß nieder.
Wenn man so da lag und hineinschaute, sah es auch aus, als ob der ganze Platz kahl und leicht zu übersehen wäre, nicht eine Ratte hätte sich ja darin verbergen können. Ich war aber mißtrauisch gegen diese Augentäuschung geworden, die mich schon einige Male irre geführt, und untersuchte vorsichtig auch den kleinsten dunklen Punkt mit meinem Fernrohr.
Wenn es nur nicht so furchtbar kalt gewesen wäre! Wunderbarerweise hat aber ein Temperaturwechsel, der im flachen Lande und in der dicken schweren Luft da unten die schlimmsten Krankheiten nach sich ziehen müßte, hier nicht die geringsten Folgen.
Zwei volle Stunden mochte ich so auf der einen Stelle gelegen haben, da klapperte ein Stein! Noch in weiter Entfernung zwar, aber es war da jedenfalls etwas unterwegs. Oben auf der Wand wurde auch jetzt ein Jäger sichtbar – nicht größer als ein Fingerglied stand er oben, und nur sein »ha – ho!« schallte klar und deutlich nieder. Da

donnerte ein Schuß durch den Kessel und brach sich rasselnd an der rauhen Wand. Ich sah auch den blauen Dampf in einem kaum erkennbaren Wölkchen aufsteigen, weiter war aber nichts zu sehn. Da: – dort waren Gemsen, sieben – acht – neun Stück, klein wie die Ameisen, die an einer Kalkwand hinlaufen, sprangen sie über den weißen Schnee der Reißen, gerad' nach mir zu. Die kamen sicher hier herüber. Jetzt sind sie plötzlich verschwunden. Das, was ich von hier für ebenen Grund gehalten, sind tiefe Schluchten und Spalten, und einer von diesen folgend haben sie sich dem inneren Kessel zugewandt, dort vielleicht hinunter und in das Tal nieder zu brechen. Aber dort steht auch ein Schütze, der sie schon empfangen wird.

Es sieht wundervoll aus, wenn die kleinen winzigen Dinger so flüchtig über die Steine wegsetzen. Was für ein Spektakel sie dabei auf dem Geröll machen – und doch sind sie so weit entfernt. Jetzt kommen sie dort plötzlich, als ob sie aus der Erde herausdrängten, wieder zum Vorschein. Hei, wie sie dem Engpaß zuspringen. Wie von einer Kugel getroffen, knickte ich zusammen und in den Schnee hinein, denn dort vor mir, kaum vierhundert Schritt entfernt, kam ein alter, pechschwarzer Bock langsam über den Schnee dahergetrollt – in schnurgerader Linie auf mich zu. Vorsichtigerweise hatte ich mir heute Morgen ein weißes Tuch mitgenommen, das ich jetzt über den Kopf band, die dunklen Haare zu verdecken. Ich spannte die Büchse und richtete mich langsam auf, den Bock zu empfangen oder – wenn er zu weit nach unten einbiegen sollte – anzuspringen. Er war stehn geblieben und schaute jedenfalls nach dem Rudel hinunter, das jetzt durch den vom Schnee freien Kessel setzte. Wie er so dastand, sah er wahrhaftig aus wie ein dreijähriger Keiler, so schwarz und zottig und anscheinend plump auf den Füßen.

Ich fing jetzt vor Kälte und Aufregung an zu zittern, daß mir die Glieder ordentlich am Leibe flogen, aber das dauerte nur wenige Minuten, und jetzt drehte sich auch der Bock langsam nach mir um und – verschwand. Im Schnee war er auf einmal wie geschmolzen, und da ich fürchtete, daß er auch am Ende, wie das Rudel, irgend eine Spalte angenommen haben könnte und dieser dann talab folgte, sprang ich in die Höh' und aus meiner Höhlung heraus auf den höheren Rand, dort jedenfalls mehr Übersicht zu haben und einen

Lith. Inst. v. L. Sachse & Co Berlin.

Der Bock in Sicht.

Lith Inst. v. L. Sachse & Cº Berlin.

Stillleben.

freieren Schuß zu bekommen. Unwillkürlich sah ich dabei nach unten hin, als es über mir wieder krachte und der Bock jetzt, der dort aufs neue zum Vorschein gekommen war, und mich jedenfalls gesehen hatte, in voller Flucht über den Schnee fort und dem steilen Felsrand zusauste, der ihn vor meiner Kugel gesichert hätte. Meine Kugel wurde ihm aber, ehe er noch zwanzig Sätze gemacht; die Kugel schlug auch vortrefflich und der Bock zeichnete; nichts destoweniger setzte er mit unverminderter Schnelle seinen Lauf fort, und mein zweites Rohr – versagte.

Das tote Niederschlagen des Hahns auf das Hütchen ist unter allen Umständen ein fataler Laut; hier aber, nachdem man ein paar Stunden im Schnee gelegen hat und bald erfroren ist, bringt es einen wirklich zu gelinder Verzweiflung, und man faßt unwillkürlich die Büchse, als ob man ihr etwas zu Leide tun wollte – man tut ihr aber nichts.

»Piff – paff«, war es jetzt auch unten im Tal hörbar, und als ich den Kopf dorthin wandte, sah ich, wie das Rudel den schmalen Engpaß trotz dem dort stehenden Schützen angenommen hatte.

Mir machte jetzt indes mein eigner Bock zu schaffen. Den abgeschossenen Lauf wieder ladend und dem anderen ein frisches Zündhütchen aufdrückend, nahm ich meinen Hut und Bergstock und kletterte an dem harten Schnee hinauf, den Anschuß zu untersuchen. Der Bock selber war lange um die Felswand verschwunden.

Schweiß! – beim Himmel! Ein großer dunkler Tropfen, gleich dort wo ich die Fährte fand: und weiter zurück, wo die Kugel in den Schnee gefahren, lagen abgeschossene Haare. Der Bock hatte hier gleich vom Anfang an auf beiden Seiten geschweißt und war jedenfalls angeschossen. Für jetzt ließ sich indessen weiter nichts tun als den Anschuß durch einen Bruch zu kennzeichnen – aber womit? Kein Busch stand auf tausend, ja vielleicht zweitausend Schritt. Ich tat endlich das einzige, was mir übrig blieb, ich legte meinen Hut auf den Schweiß und stieg nun ins Tal hinab, wo sich die Schützen schon sammelten. Oben auf der Wand halloten die Treiber noch und warfen dann und wann Steine nieder. Lärm machten die genug, wenn sie mit hohlem Sausen ins Tal hinab donnerten; nützen konnten sie aber für den Augenblick nichts weiter.

Nach halbstündigem Marschieren näherte ich mich endlich der Stelle, wo unser Jagdherr einen starken Bock erlegt hatte. Er lag dicht unter der Wand und der glückliche Schütze stand neben ihm. Martin kam eben seitwärts vom Treiben herein. Da löste sich oben ein kleiner Stein von der Wand, kam herunter gesprungen, und schlug etwa zehn Schritte vom Herrn ein.

»Werft keine Steine mehr da oben runter!« rief Martin hinauf. Er hielt sich den Hut hinten, um besser nach oben sehen zu können!

»Ja!« lautete die Antwort und gleich darauf donnerte und krachte es oben, als ob ein Felsblock nieder käme. Ich war noch ein Stück davon entfernt, konnte aber deutlich sehn wie Herr und Diener eben noch Zeit behielten, unter einen vorhängenden Felsblock zu springen, als die etwa kopfdicken Brocken niederprasselten.
»Ihr sollt keine Steine mehr oben herunter werfen!« schrie Martin jetzt wieder, sobald das Geröll unten anlangte, indem er vorsprang, den Befehl hinaufzurufen.
»Ja!« lautete die wie ärgerlich gegebene Antwort, und mit dem Ruf zugleich donnerte es auch aufs neue von oben wieder, und die Felsstücke jagten Martin ebenso rasch unter die Wand, um welche sie zerschellend herumspritzten.
»Ihr sollt nicht mehr werfen!« schrien jetzt andere Jäger hinauf und Martin wollte eben einen neuen, verzweifelten Versuch machen, dem Steinhagel Einhalt zu tun, denn die Lage seines Gebieters fing dort unten an, gefährlich zu werden; wieder aber schickte ihn eine neue Ladung zurück, und ich selber konnte von der Stelle aus, auf der ich stand, deutlich erkennen, wie sich der oben stehende und hitzig gewordene Rainer die größte Mühe von der Welt gab, nur recht rasch noch ein paar frische Steinbrocken aufzutreiben, oder von der Wand loszutreten und nieder zu senden. Er hatte keine Ahnung, welch Unheil er anrichten konnte. Nur mit entsetzlicher Mühe brachten wir ihn auch endlich durch vereintes Geschrei dahin, von seinem Bombardement abzustehen, denn während ihm von unten aus zugerufen wurde, mit werfen aufzuhören, hielt er das fortwährend für eine Aufforderung, mehr Material herunter zu lassen, weil er, seiner späteren Aussage nach, glaubte, man hätte irgendwo an der Wand einen alten hartnäckigen Bock entdeckt, der nicht heraus zu bringen wäre. Und »den wollen wir schon kriegen« hab' ich gedacht.
Der erlegte Bock wurde jetzt zum Eingang der Delpz und auf den scharfen Rand gebracht, der direkt zum Scharfreuter herunterläuft. Dort sammelten wir uns alle, von da aus ein zweites Treiben, das am Wisinger Berg gemacht werden sollte, zu umstellen, aber vorher ein wenig zu frühstücken.
Eine zweite Gemse, die unten geschossen worden, war jetzt auch herbeigebracht, und Martin beschrieb gerade, wie er von oben

hereingekommen und den erlegten Bock an der Wand hinaufklettern gesehn, als er seinen Bericht plötzlich mit dem halbunterdrückten aber ängstlich hervorgestoßenen »Ein Bock«! unterbrach. Zu gleicher Zeit deutete sein Arm mitten in den Kessel hinein, derselben Wand zu, von der Rainer sich vor noch kaum einer halben Stunde die größte Mühe gegeben hatte, alles Niet- und Nagellose nieder zu senden.

Und er hatte recht; trotz dem Lärm, trotz dem Rufen und Schreien, trotz dem vielen Schießen endlich, da wir nach dem Treiben unsere Büchsen abgefeuert, kam da schon wieder ein Bock ins Tal herein, und schien die Wand entlang die Richtung gerade auf uns zu zu nehmen.

Noch war er allerdings so klein, als ob eine Maus auf der Schneebahn hinliefe; die Tiere äugen aber ganz vortrefflich und wir wußten alle, daß wir uns nicht rühren durften, wenn er nicht augenblicklich umdrehen und den Rückwechsel annehmen sollte.

»Was tun wir jetzt?«

»Ich laufe hinten herum und schneid' ihm den Weg ab«, rief Martin, schnell bereit, »wenn die anderen dann wieder oben auf den Rand gehn und die paar Pässe besetzen, muß er hier heraus.«

»Aber es sind außen herum zwei Stunden Wegs bis zu der Wand dort drüben«, sagte einer.

»Ich lauf's in einer halben«, versicherte Martin. Er versprach keinesfalls mehr als er leisten konnte.

»Sowie wir hier aufstehn, sieht uns der Bock«, flüsterte Ragg.

»Wir brauchen nicht aufzustehn«, lachte der Herr und gab das Beispiel zum allgemeinen Rückzug, indem er sich langsam hinten überbog. Ohne den Körper oben wieder zu zeigen, rollte er so nach hinten, und rasch, aber mit nur mühsam unterdrücktem Lachen folgten alle in derselben Art. Komisch genug muß es auch ausgesehn haben, und wenn jemand hätte oben vom Berg aus diese plötzliche wunderbare Bewegung der ganzen Jagdgesellschaft beobachten können, ohne die Ursache zu wissen, wäre er mit Recht erstaunt gewesen. Das Manöver hatte jedoch vollständigen Erfolg; der Bock gewahrte nicht das mindeste und alle eilten jetzt, von dem Hang gedeckt, den ihnen bestimmten Plätzen zu. Es konnte auch wahrlich kaum eine halbe Stunde gedauert haben, als Martin, der die

Ausdauer eines Windhundes hat, sich an dem entgegengesetzten Felsvorsprung zeigte und der Bock, also beunruhigt, rasch dem bequemsten Ausgang zueilte, der gerade vor ihm lag. Da freilich mußte er in etwa hundertfünfzig Schritt Entfernung an dem Felsblock vorbei, hinter dem unser Gastherr geschickt sich verborgen hatte. Daß er in voller Flucht ging, half ihm ebenfalls nichts. Er bekam die Kugel seines Namensvetters* mitten aufs Blatt, lief noch etwa sechzig Schritt, und brach dann zusammen.

Durch dieses Intermezzo war nun freilich der Tag für ein zweites Treiben zu weit vorgerückt, und Martin wurde mit Pirschmann auf meinen kranken Bock geschickt. Leider brachte er von der Nachsuche bloß meinen Hut zurück, denn der Bock, der jedenfalls hoch durchgeschossen worden, hatte den Berg angenommen und war, obgleich tüchtig schweißend, über die Grenze gegangen. – Gemsen sind überhaupt entsetzlich hart und laufen, selbst bei tödlichem Schuß, oft noch eine lange Zeit. Eine hochgeschossene Gemse, wenn die Kugel nicht gerade das Rückgrat zerschlägt, kommt fast immer durch oder ist wenigstens in den meisten Fällen für den Jäger verloren.

Daß sich die Böcke übrigens, wie wir heut gesehn, schon von den Rudeln abhielten und einzeln umher zogen, war ein Zeichen, daß die Brunst bei ihnen begonnen hatte. In der Zeit ist der Gemsbock ein so eigentümliches wie merkwürdiges Tier. Ehe er sich wieder mit seinesgleichen einläßt, scheint er sich erst eine Zeitlang in sich selbst zurückzuziehen. Er stellt sich ganz allein und nur mit seinen eigenen Gedanken beschäftigt in steile Wände und Klammen ein, nimmt sehr wenig Nahrung zu sich, und spielt mit einem Wort den echten »Oansiedl (Einsiedel) vom Berge«, wie die Jäger sagen. Sowie aber die wirkliche Brunstzeit beginnt, verläßt er diese verdeckten Orte und steigt auf die Joche zu schmalen Stellen auf, von wo er nach beiden Seiten hinab und nach den vorbeiziehenden Rudeln niederschauen kann. Auch auf einzelne vorspringende Felsen geht er gern hinaus, einen besseren Überblick über die Täler zu gewinnen. Schließt er sich endlich einem Rudel an, so setzt es gewöhnlich hartnäckige Kämpfe mit den schon dabei befindlichen

* Die doppelläufigen Büchsen, in denen die Läufe übereinander liegen, werden Böcke genannt.

Böcken, wo dann natürlich das Recht des Stärkeren entscheidet. Laute gibt er in dieser Zeit nicht von sich, ein leises, nur in geringer Entfernung hörbares Meckern ausgenommen. Er soll aber dann, besonders wenn die Jahreszeit weiter vorgerückt ist, außerordentlich neugierig werden und herbei kommen, sobald er etwas Ungewöhnliches sieht – vorausgesetzt natürlich, daß er keinen Feind wittert.

Die Jäger betören ihn auch wohl manchmal, indem sie, dicht versteckt hinter einem Fels oder Busch, ihren Hut mit dem weißen Stoß von Schneehuhn oder Birkwild daran langsam hin und her bewegen, worauf der Bock gar nicht selten herbeikommen soll, zu sehn was es gäbe. Einzelne haben sich auch schon schwarze wollene Mützen mit einem breiten weißen Streifen an jeder Seite stricken lassen, die sie dann über den Kopf ziehen, und diesen an irgendeinem Felsenvorsprung oder aus einem Busch heraus zeigen. Eigenartig ist, daß sich in dieser Zeit dicht hinter den Krickeln des Bocks, am oberen Teil des Kopfes, eine eben nicht ambraduftende

Anschwellung, der sogenannte Brunstknopf bildet, der etwa zu der Größe einer Haselnuß anwächst.
So scheu der Bock im allgemeinen ist und so sehr er besonders den Menschen fürchtet, ist doch in der Riß schon einmal ein Fall vorgekommen, wo ein Gemsbock unten im Tal, auf dem Fahrweg, einen dort vorbeikommenden Menschen aus freien Stücken angefallen und bös gestoßen hat.
Merkwürdig bleibt das überhaupt in der Naturgeschichte der Tiere und für uns ein bis jetzt noch keineswegs aufgeklärtes Geheimnis, daß ausnahmsweise, und in einem uns nicht erklärbaren Zustand von Aufregung und Wut, sonst ganz friedliche und furchtsame, wenigstens den Menschen fürchtende Geschöpfe diesen anfallen und dann auch nicht eher ablassen, bis sie getötet oder unschädlich gemacht werden. Ich weiß solche Beispiele von Füchsen, Wieseln, Mardern, wilden Katzen, ja selbst mit dem Hasen soll es vorgekommen sein, und jener Gemsbock liefert ebenfalls den Beweis dafür. Von großen Tieren bieten Elefanten und Rhinozerosse ähnliche Beispiele, diese aber meist in der Brunstzeit, wenn sie von einem stärkeren Gegner besiegt wurden und nun in höchst verdrießlicher Laune allein den Wald durchziehn. Sie fallen dann alles an, was ihnen in den Weg kommt. Die Walfischfänger ebenfalls kennen die Gefahr, der ihre Boote ausgesetzt sind, wenn sie einen einzelnen umherstreifenden Pottfisch (Eachelot, Spermfisch) angreifen. Ist ja doch schon der Fall mit dem englischen Schiff Essex vorgekommen, daß es ein einzelner Spermfisch selber angereizt angefallen und in Grund gebohrt hat.
Überhaupt kennen wir bis jetzt nur erst leider die alleräußersten Umrisse des Familienlebens der wilden Tiere, denn die eingefangenen leben in einem ganz unnatürlichen Zustand und können keinen Maßstab geben, während in der Wildnis selber eine genauere Beobachtung unmöglich ist. Es fehlt uns der Schlüssel zu ihren Handlungen, wir verstehen ihre Sprache nicht und begnügen uns gewöhnlich mit dem einen nichtssagenden Wort Instinkt, um das, was wir Außergewöhnliches von ihnen zu sehn bekommen, zu erklären.

Die Grasberg-Alm

Die Nacht über wehte ein fliegender Sturm, und der Mundkoch behauptete am nächsten Morgen, daß ihm gerade um Mitternacht die Mütze, die er beim Schlafen aufbehalten, im Bett vom Kopf geflogen sei. Rein und wolkenlos brach aber der nächste Morgen wieder an, und da hier nicht weiter gejagt werden sollte, wurde das Lager zum Abend auf die Grasberg-Alm beordert. – Weiter war nichts nötig, und der Kammerdiener besorgte das übrige.
Auf dem Weg dorthin sollten einige zwischen der Baumgart- und der Grasberg-Alm liegende Gräben geriegelt werden.
Ich saß dabei unten, ziemlich tief im Graben in einer schattigen Felsspalte drin, da die Sonne warm auf die Berghänge schien. Völlig gedeckt, mußte ich übrigens alles, was mir etwa hätte schußmäßig kommen können, schon zeitig genug hören oder sehen, um mich fertig zu machen. Ich vertrieb mir also damit die Zeit, durch mein Perspektiv zwei alte Kitzgeißen zu beobachten, die an einem grasigen Abhangästen, während die beiden kleinen niedlichen Kitzen, die eben die kurzen Krickeln etwa zwei Zoll hoch zeigten, lustig um sie herumsprangen, auf den beiden Hinterläufen tanzten, die kleinen, kaum bewährten Köpfchen gegeneinander andrückten und sich gerade so benahmen, wie sich ein paar junge, übermütige Ziegenböckchen an ihrer statt benommen hätten. Obgleich die Gemse nicht zum Ziegen-, sondern zum Antilopengeschlecht gehört, hat sie in der Bewegung und Lebensart doch manche Ähnlichkeit mit ihr. Sonst halten sich die beiden aber in den Bergen, wo sie doch manchmal zusammentreffen, ziemlich entfernt von einander, und man soll eher Gemsen zwischen Schafherden auf der Äsung finden als zwischen Ziegen, obgleich das erstere ebenfalls sehr selten geschieht.
Von da, wo ich lag, konnte ich den oberen Pirschweg ziemlich deutlich erkennen, der sich wie ein matt-lichter Streifen hie und da über nacktes Gestein hinzog, bald zwischen Latschenbüschen verschwand und an einer kleinen Lanne oder sonst offenen Stelle wieder zum Vorschein kam. Wie ich zufällig einmal den Blick hinaufwarf, sah ich sich etwas bewegen, und das Fernrohr dorthin richtend, erkannte ich bald einen geringen Hirsch – es mochte ein

Sechs- oder Achtender sein – der, von einem Tier* gefolgt, langsam den Pirschweg hin und zwar nach Osten zuhielt. Der Hirsch blieb dabei manchmal stehn und äugte zurück, trollte aber dann immer wieder rascher vorwärts, als ob ihm da hinten etwas nicht recht gefalle.

Ich zerbrach mir noch den Kopf darüber, was ihn in aller Welt könne beunruhigt haben, da er sich vollständig außerhalb des Treibens befand, als ich plötzlich zur linken, auf demselben Pfad, etwas Weißes aus den Büschen vorleuchten sah. Rasch richtete ich mein Glas dorthin, und erkannte bald zu meiner innigen Freude den Kammerdiener und den Koch, die, beide in Hemdsärmeln und – der heiße Tag rechtfertigte vollkommen eine solche Erleichterung – die Röcke durch den linken Arm gesteckt, einer hinter dem anderen, in angenehmer Unterhaltung daher kamen und den Hirsch mit dem Tier ebenfalls zu einem gar nicht beabsichtigten Spaziergang nötigten. Der Mundkoch trug dabei etwas in der Hand, das hin und her schaukelte und eigentümlich in der Sonne blitzte, was es sei, ließ sich indes in solcher Entfernung nicht gut erkennen. Der Hirsch wurde dadurch endgültig beunruhigt und verschwand in einem nach unten, in den Graben führenden Dickicht.

Einen eigentümlichen Anblick hatten wir an dem Abend, als wir, schon etwas nach Dunkelwerden, die Grasberg-Alm-Hütte erreichten. Unten die Täler lagen schon in tiefer Nacht, und selbst die Berge zeichneten sich düster gegen den noch hellen Horizont ab. Dicht hinter den Häusern stieg eine kahle, nur von breiten Streifen, fast wie angelegte Beete von Alpenrosen bedeckte Anhöhe hinauf, und lief, nach dem Kumpar hinüberführend, mit ziemlich ebenem Rücken etwa tausend Schritt von Nord nach Süd. Der kahle Rand stach jetzt desto auffallender gegen den noch lichtgrauen Himmel ab. Oben aber – daß der ganze Körper bis zu den Klauen hinunter deutlich sichtbar blieb und fast so aussah, als ob er zierlich aus schwarzem Papier geschnitten wäre – stand ein Hirsch, spitz gegen uns gekehrt, und beobachtete aufmerksam den Einzug der ihm jedenfalls unwillkommenen Gäste. Regungslos verharrte er dabei in seiner Stellung, und man konnte mit dem Fernglas deutlich das

* Hirschkuh

ausgreifende Geweih erkennen, bis wir durch eine Senkung des Hügelhangs seinen Blicken entzogen wurden. Aber selbst dann beruhigte er sich noch nicht, und wenige Sekunden später tauchte der schlanke Körper wieder auf einer anderen, etwas vorragenden Stelle des Hügelrückens auf, von wo aus er die Häuser selber überschauen konnte. Dort stand er, bis es so dunkel geworden war, daß man ihn kaum noch erkennen konnte; endlich verschwand er, wie in den Berg hinein.

Das Wetter blieb die letzten Tage ziemlich schwankend. Den Tag über hatte es manchmal ein wenig geregnet, manchmal die Höhen mit dichtem Nebel umzogen; auch der Wind war eben nicht zum besten gewesen. In der Nacht drehte er sich indessen nach Südost herum, die Luft wurde kalt und rein, vom Himmel funkelten Myriaden Sterne und gegen Morgen deckte leichter Reif den Boden. Ich war früh aufgestanden, in erster Morgendämmerung die Aussicht nach den gegenüberliegenden Bergen zu haben. Von hier aus hatten wir den Blick auch in ein anderes Tal, dessen Pulsader, der klare muntere Bergstrom, an der Karwendelwand entsprang und sein Wasser von Nord nach Süd in die Riß hinein jagte. Laut aufjauchzen hätte ich aber mögen, als ich hinaus vor die Tür der Hütte trat und von dem nächsten, kaum dreißig Schritt entfernten Grashang das zu meinen Füßen liegende Tal und die gegenüber liegende Berggruppe überschaute.

Ich will versuchen, den Anblick zu beschreiben, aber, lieber Gott, wie weit bleiben da Worte hinter dem wundervollen zauberschönen Bild, das sich hier, wie durch den Stab eines Magiers heraufbeschworen, vor meinen Blicken entrollte und mir die Seele mit Lust und Jubel füllte, zurück. Das ganze Rißtal unter uns, soweit das Auge darin nach rechts hinunter, nach links hinauf schweifen konnte und das schmale, zwischen dem Falken und Roßkopf nach der Karwendelwand zulaufende Laritter Tal waren in der Tiefe mit dichtem, milchweißem Nebel angefüllt, aus dem die grünen bewaldeten Wände wie die dunklen Ufer eines Nebelstroms emporstiegen. Darüber hoch hinaus ragten die starren Kuppen der ewig schönen Berge vor uns, mit den kühn gerissenen Gipfeln des Gemsjochs, während links der Kumpar sein spitzes Haupt in die blaue Luft hineinreckte. Ein Duft lag dabei über dem allem, wie er sich weder mit Farbe noch Feder schildern läßt: Und wie die Sonne höher und höher stieg und der Nebel da unten Leben und Bewegung bekam, wie es den Widerschein von den Gipfeln ins Tal hinunterwarf, wie sich die schneeigen luftigen Schichten anfingen zu rollen und ineinander zu drängen und ihre Ränder jenen eigenen wunderbaren, fast durchsichtigen Rosenschimmer annahmen – wie es da endlich mehr und mehr zu wogen begann, als ob die Bergriesen da drinnen die Schultern gegengestemmt hätten und die weiße Flut mit aller Macht zum Tal hinaus schöben, wie hie und da ein kleiner Bergesvorsprung inselgleich und dunkel daraus empor stieg, daß ihm die weißen Schwaden durch die Wipfel seiner Bäume schwindend, schmelzend über den Nacken flossen und die ganze Pracht des morgenglühenden Tales jetzt plötzlich sichtbar ward, da wußte ich gar nicht mehr wie mir geschah, so leicht, so froh, so glücklich fühlt' ich mich, und hätt' ich mich nicht vor den Jägern geschämt, ich glaube, ich wäre dem nächsten Baum um den Hals gefallen und hätte laut geweint.

Es gibt ja auch nichts Edleres, nichts Reineres als die Natur. Wer sich ihrer freut, wem Gott Empfänglichkeit dafür ins Herz gelegt, der hat ein Recht, sich zu den bevorzugt Glücklichen zu zählen, denn überall auf dieser weiten, wunderschönen Welt sind ja Genüsse für ihn ausgestreut.

Eigentümlicherweise erfaßte mich hier ein ganz ähnliches Gefühl wie damals, als ich das erste Rauschen der Palmen über mir hörte. In jener heiligen Ruhe der Tropenwelt unter den mächtigen, wunderbaren Bäumen vermochte ich den Eindruck unwillkürlich mit nichts anderem zu vergleichen, als mit dem stillen heimischen Schneefall in einem Fichtenwald, wenn die großen Flocken so langsam und sanft hernieder sinken, zwischen den grünen schützenden Zweigen durch und mit der weichen, reinen Decke den Boden warm belegen. So zitterte mir hier – den wilden, trotzigen Alpen, dieser gigantischen, kühn gerissenen Bergesschönheit gegenüber – dasselbe selige Gefühl durchs Herz, das ich empfand, als ich vom Megamendong in Java nieder das herrliche Preanger Tal mit seinen einzelnen Fruchtbaum-Oasen, seinen dichten Wäldern und all seiner tropischen Pracht vor mir ausgebreitet sah – und doch, wie ganz verschieden sind die beiden Szenen.

Dichter und kompakter sammelte sich indes, während die Sonne höher stieg, der Nebel; er rollte langsam, ein Zeichen guten Wetters, zum Tal hinaus und weiter ins flache Land. Und unsere Jagd begann.

Aber ich darf den Leser nicht mit Wiederholungen ermüden. Wohl hätt' ich ihm freilich gewünscht, das wunderbare Schauspiel mit zu genießen, das uns noch einmal, über Tag am Heimjoch, der Nebel in seinen eigentümlichen Schatten und Formen gab, gerne hätte ich ihn einmal über einen der dortigen Pirschwege in die Bockgräben und so mitten in die wilde Fels- und Schluchtenwelt eingeführt, doch versäumen wir leider zuviel Zeit dabei.

Diese Pirschwege, so behaglich das Wort Weg auch in den Bergen klingt, darf man sich übrigens nicht etwa zu bequem denken. Sie sind meist nur angelegt, um vollkommen unerreichbare Klammen und Wände passieren zu können. Die Spitzhacke hat dabei oft nur in sehr rauher Weise eine natürliche Ader des Felsens benutzt, dem Fuß geringen Halt zu bieten, oder das Jagdmesser hat einfach durch die Latschen eine Bahn gehauen. Gar nicht selten aber ziehn sich diese sehr schmalen Pfade an schroffen, wilden, überhängenden Wänden schwindelnd hin, und der Wanderer muß sich wohl hüten, dem Steine nachzuschauen, der, von seinem Fuß berührt, mit dumpfem langem – langem Fall die blaue Tiefe sucht.

Die Jäger sagen, daß ein solcher Stein den Menschen nachziehe und Unglücksfälle, dadurch herbeigeführt, sollen allerdings schon vorgekommen sein, ja nicht einmal zu den Seltenheiten gehören. Die Ursache liegt aber auch dafür auf der Hand, denn während der Stein senkrecht an der Wand niederfällt, muß er allmählich, je tiefer er fällt, mehr und mehr aus dem Gesichtskreis des Nachschauenden kommen, der, um ihm mit den Augen zu folgen, gezwungen ist, sich weiter und weiter nach außen vorzubeugen. Dadurch kommt er mit dem schweren Oberkörper unmerklich über den Abgrund, und mag er so schwindelfrei sein wie er will, er muß das Gleichgewicht verlieren. Überhaupt ist das Steigen da oben an den Wänden herum manchmal wirklich, wie der Amerikaner sagt, »viel zu interessant, um angenehm zu sein.«

Das Gemsjoch

Dem Grasberg gegenüber und der steilen Karwendelwand zu, zieht sich ein enges, von steilen Wänden eingedrängtes Tal. Die Szenerie ist hier viel wilder als an der Riß, weil die Felshänge viel schroffere und deshalb auch weit weniger und nur stellenweis bewaldete Vorsprünge zum unten vorbei quillenden Bach hinunter schieben. Sieht man dabei von dort zu ihnen auf, so hält man es auch wahrlich nicht für möglich, daß die Gemse oder ein keckes Menschenkind an ihnen fußen und sich ihren fast senkrechten Schluchten anvertrauen dürfe. Und doch bieten sie dem kühnen Gemsjäger nur geringes Hindernis. Mit dem scharfen Eisen unter dem Fuß, den spitzen starken Stock in der Hand, laufen diese Bergmenschen furchtlos die schmale Bahn entlang, jede Hilfe, die ihnen hie und da der Boden bietet, mehr in einer Art von Instinkt als mit Vorbedacht benutzend. Ihre Übung in dergleichem Werk, die ähnlichen Hindernisse, die ihnen überall entgegenstehen, geben ihnen auch schon den raschen und höchst nötigen Überblick, um die besten – oft die allein möglichen – Stellen zum Übergang rasch und unverzagt zu wählen und zu behaupten.

Dort zogen wir hinauf, dem Tal folgend, das hier durch die breiten Wände des kleinen Falken und Gemsjoch rechts und links gebildet wurde. Dicht an den Ufern eines ziemlich starken rauschenden Bergbachs, dessen breites steiniges Bett von der furchtbaren Gewalt Kunde gab, mit der diese Wasser im Frühjahr nieder stürzen und alles mitnehmen, was sie in ihrem Wege finden, lag unser Pfad. Da plötzlich, wie durch Zauberei, war der Strom verschwunden, selbst unter unseren Füßen fort, und nur die gähe Stille um uns her machte uns erstaunt niederschauen in das noch eben so breite und steinige, aber vollkommen trockene Strombett. Dies plötzliche Verschwinden war so merkwürdig, daß wir zwanzig oder dreißig Schritt zurückgingen, wo wir den hier etwa drei Fuß breiten, mächtig quellenden Bach von der kleinen Falkenwand herüber unter dem Geröll vorbrechen sahen, während ein schwächerer Zufluß von oben her, aber ebenfalls tief unter dem Gestein, hervor zu kommen schien. So eigentümlich es auch aussah und so sehr es uns am Anfang überraschte, so leicht erklärte es sich doch, denn diese steilen Wände lösen durch Lawinen und Tauwetter ununterbrochen kleinere oder größere Massen Steine los und schleudern sie in das Tal hinab. Diese sogenannten Reißen, die aus nichts als wilden, unfruchtbaren, toll durcheinander gestreuten Felsmassen und kleinerem Geröll bestehn und an manchen Stellen einige hundert Fuß hoch liegen, nehmen deshalb auch schon einen ungeheuren Flächenraum im Gebirge ein und scheinen sich von Jahr zu Jahr zu vergrößern. Es läßt sich denken, daß sie dadurch oft ganze Bäche verschütten, die sich jetzt unter der lockeren Decke die Bahn suchen müssen. Ebensowenig unterliegt es einem Zweifel, daß durch diese ewigen Bergstürze und Abscheidungen des Gesteins die scharfen und schroffen Gipfel der höchsten Kuppen mit der Zeit eine Veränderung erleiden und niedriger werden müssen; ihr Umfang ist nur zu gewaltig, als daß ein einzelnes Jahrhundert es auffallend bemerkbar machen sollte. So sieht die vollkommen senkrechte Karwendelwand, an deren Fuß ungeheuere Reißen, ja wirklich Berge von Steinen liegen, die das Herz eines Chauseesteinklopfers mit Entzücken füllen würden, gerade so von unten aus, als ob sie durch diese Abbrüche jährlich wenigstens einen Fuß an Höhe verlieren müsse. Kommt man aber an die Südseite der grasbewachsenen, allmählich aufdachenden Hänge hinauf und berechnet erst ihre Höhe, dann begreift man freilich, wie eines einzigen Zolles Dicke, von der Wand abgeschält, ganze Berge von Geröll in's Tal hinab schleudern muß. Wären es aber auch selbst zwanzig Fuß, so würden sie doch kaum den oberen Rand verändern können.

Aufwärts jetzt, Freund Leser, aufwärts! Das ist ein mühsamer, langer Stieg, das Gemsjoch hinan. Wetter nocheinmal, wie massenhaft sich das Gebirg hier auftürmt und in Laune und Felsgeröll aus dem bewaldeten Tal empor sich hebt. S'ist auch am besten, man sieht sich gar nicht um und steigt nur ruhig und unverdrossen fort; einmal erreicht man den Gipfel doch.

Das Gemsjoch sollte getrieben werden, und ich selber war – beiläufig gesagt: der beste Platz – auf die höchste Kuppe hinauf beordert worden. Aufgescheute Gemsen nahmen gern gerad' dort hinüber ihren Wechsel. Schweres Steigen hatten indes bei diesem Treiben die Jäger, die sich ihre Bahn an den steilen, schroffen Hängen suchen mußten. Es dauerte auch lange, bis sich das mindeste zeigte oder hören ließ, und ich lag wohl anderthalb Stunden lang ungestört auf der achttausend Fuß hohen Kuppe des Jochs, in deren Nachbarschaft alle Fenster und Türen auf sein mußten, denn es zog furchtbar. Die Aussicht war aber wundervoll, und ich ließ den Blick frei über die herrlichen, mit Schnee dicht bedeckten Alpenriesen, den Großglockner und seine Nachbarn hinausschweifen, die unter ihrer weißfunkelnden Hülle in unbeschreiblicher Pracht die zackigen wilden Gipfel gen Himmel reckten.

Hinter mir, nach Norden zu, öffneten sich dagegen die Berge; das weite flache Land mit einzelnen, weißen hervorragenden Gebäuden und kleinen Städtchen wurde sichtbar, und im Süden lagen wild und zackig die steyrischen Alpen dazwischen, ein weites Meer von Felsenjoch und Graten. Was für ungeheuere Wogen reckten da die weißen Häupter, züngelnd wie wirkliche schaumdurchwühlte Wellen, empor!

Auf dem Gemsjoch selber lag, trotz der Höhe desselben, noch kein Schnee, denn der darauf gelegene war durch die letzten warmen Tage wieder fortgeschmolzen. Merkwürdig ist es auch, daß dieser Teil der Alpen keine Gletscher hat – ein einziger kleiner ausgenommen, der dort in der Nähe sein soll, den ich aber nicht sah. Ihre Höhe berechtigt sie vollkommen dazu, denn in der Schweiz reichen die Gletscher viel tiefer hinab, und sieben und achttausend Fuß hohe Kuppen sind dort drei Viertel des Jahres mit Schnee bedeckt. Dazu mag aber auch wohl die zusammendrängende Masse höherer Gebirge, die fortwährend ihre Schneekronen tragen und deshalb eine viel größere Kälte um sich her verbreiten, mit beitragen.

Eine große Anhäufung von Schnee und Eis muß in sehr natürlicher Folge eine solche Wirkung hervorbringen, wie wir den Unterschied außerordentlich auffallend in den beiden Kontinenten von Europa und Nordamerika sehn. Europa, das im Norden einen weit größeren Flächenraum an eisfreiem Meer und deshalb die eigentliche Eisregion auf einem weit kleineren Raum zusammengedrängt hat, ist deshalb auch viel wärmer als Nordamerika, dessen breite Basis nach Norden zu, mit den ausgedehnten Süß-Wasser-Binnenlandseen und dem enormen Flächenraum Eis und Schnee bedeckter Regionen, den Unterschied um viele Grade spüren läßt. Philadelphia z. B., das mit Neapel auf einem Breitengrad liegt, hat ebenso strenge und strengere Winter wie wir im höchsten Norden von Deutschland. In Louisiana, das mit der Wüste Sahara gleiche Breite hat, ist leichter Schnee nichts Seltenes. Stehendes Wasser friert oft sogar in New-Orleans, das, nur wenige Fuß über der Meereshöhe, auf einer Breite mit Kairo liegt.

Von Gemsen war noch nichts zu sehn; als ich aber so dalag, fest in meinen Regenmantel gewickelt, die kalte Zugluft abzuhalten, konnte ich nicht umhin, die kleinen dichten Büschel außerordentlich zarten, feinen Grases zu bemerken, die um mich her ziemlich reichlich wuchsen. Ich pflückte von dem zunächst stehenden etwas ab, kostete es und fand es nicht allein außerordentlich weich, sondern auch zuckersüß; so süß und angenehm in der Tat von Geschmack, daß ich alles, was ich um mich her erreichen konnte, rein abäste und den Geschmack von Nebucadnezars, der bekanntlich den Salat erfunden, ganz begreiflich fand – wenn er nämlich dort so treffliche Weide hatte.

Dicht neben mir, denn ich lag auf dem allerhöchsten, gar nicht etwa breiten, Gipfel, ging es steil und bergetief hinab. Wie wild und furchtbar sah es dort unten aus. Die steile Nordwand dieses Jochs, die vielleicht einige tausend Fuß hoch ohne Absatz niederging, bestand allerdings nicht aus einem glatten Fels, sondern aus bröcklichem, zerrissenem und zerklüftetem Gestein. Man hätte selber hineinklettern können, wäre den Zacken eben nur zu trauen gewesen; aber unter dem Fuß oder Griff brachen die wettermürben Brocken los, und dann ... Es schwindelte mir, als ich in die dunkle, vom Wind durchbrauste, fürchterliche Tiefe hinabsah, und ich wandte mich schaudernd ab.

Und doch gibt es Menschen, die an diesen Wänden, an denen ihr Leben wie an dünner Faser hängt, ihre kärgliche Nahrung suchen. Die Einzianwurzelgräber klettern dort, an die Gefahr gewöhnt und gegen sie vollkommen abgestumpft, mit einem Sack, die gefundenen Wurzeln hinein zu tun, und einer kleinen Hacke, sie aus ihrem rauhen Bett heraus zu heben, sorglos herum, und die Gemse selbst hebt staunend den Kopf, wenn sie an solchen Stellen einen Menschen sieht. Kameraden finden auch wohl dann und wann eine alte, verrostete Hacke, einen halb verfaulten Sack und werfen einen

scheuen Blick in den Abgrund nieder. Doch während des »Ave Maria«, das sie für die Seele des Verunglückten beten, dessen Gebeine dort in irgendeinem Abgrund bleichen, schauen sie sich schon wieder nach neuen Wurzeln um.
Da – waren plötzlich Gemsen! Vorsichtig hob ich den Kopf zwischen den wild umhergestreuten Steinen empor und sah eins der schönsten Schauspiele, das sich der Gemsjäger nur wünschen und ersehnen kann.
Der Gipfel des Gemsjochs teilte sich in drei ungleiche Spitzen, von denen die beiden westlichsten die höchsten Spitzen sind, während der östliche Gipfel niedriger ist und die Form eines spitzen Kopfes hat.

Auf dieser Spitze, die vier Läufe dicht zusammengedrängt, den schönen Kopf hoch und sichernd gehoben, stand eine Gemse, und etwa zwanzig Schritt weit unter ihr, während noch andere über den

Rand des Abhangs, scheinbar aus der blauen Luft, heraussstiegen, befand sich das Rudel, im ganzen waren es vielleicht zwölf oder dreizehn Stück.

Die Wachtgemse stand voll und klar gegen den lichtblauen Himmel abgezeichnet, und die sichere Ruhe, mit der das prachtvolle Tier den weiten Plan, auf dem es jede nahende Gefahr leicht und rasch erkennen konnte, als Schildwache oben für das ihm anvertraute Rudel überschaute, war ein Anblick den ich im Leben nicht vergessen werde. Das Rudel selber, das jedenfalls durch einen der unten durchgehenden Treiber heraufgescheucht worden, schien sich indessen auch ganz auf seine Wache zu verlassen und vollkommen sicher zu fühlen. Die jungen Tiere spielten miteinander, und die Alten pflückten hie und da an den süßen Grasbüscheln herum – mehr wahrscheinlich zum Dessert und aus Naschhaftigkeit als aus wirklichem Hunger.

Endlich stieg die Wachtgemse, gewöhnlich eine Geiß, von ihrem hohen Standpunkt langsam nieder. Plötzlich setzte sie sich an die Spitze des Zuges und kam in kurzem Galopp auf dem äußersten Rand des Berges ein Stück hin, verschwand dann in einer scharf eingeschnittenen Schlucht, die die beiden Kuppen voneinander trennte, mit dem ganzen Rudel, und stieg klappernd und die lockeren Steine hinter sich ausstoßend, den kleinen Hang herauf, an dessen äußerstem Rand ich, vollständig gedeckt, ihrer herzklopfend mit gespannter Büchse harrte.

Nun ist es eine alte Gemsjägerregel, die mir von allen Seiten wieder und wieder gegeben worden, nie auf ein ankommendes Rudel zu schießen. Erstlich kommen sie spitz – immer schon ein böser Schuß; dann ist die erste im Zug jedesmal eine alte Geiß, während die Böcke nachfolgen. In solchem Fall, besonders wenn man gedeckt ist, muß man die ersten des Rudels erst vollständig vorüber lassen, ja womöglich ein Dritteil desselben, und sich dann erst einen Bock heraussuchen, auf den man in solchem Fall auch viel ruhiger und sicherer schießt.

Außerdem hat man bei solchem Verfahren auch noch die Gewißheit, daß die schon vorbeigesprungenen Gemsen unter keiner Bedingung wieder umkehren, und die anderen, die noch zurück sind, folgen ihnen, es mag auf sie geschossen werden so viel da will. Der zweite Schuß ist daher eben so sicher anzubringen wie der erste.

Hätt' ich also dort oben meine Zeit ruhig abgewartet, so mußte das ganze Rudel auf kaum zehn Schritt an mir vorbei, und an Ausweichen war auf dem schmalen Kamm gar nicht zu denken. Wie ich aber das immer stärker werdende Klappern auf den Steinen hörte, das gerade so klang, als ob es links und rechts um mich her in allen Ecken und Spalten lebendig würde, da ging mir der Atem aus. Das Herz fing an zu hämmern, als ob es mit hinaus wollte, ebenfalls zuzusehn, was da passiere, und alle Warnungen und Ratschläge, alle guten Vorsätze, alle Erfahrungen selbst waren in dem einen Moment unbeschreiblicher Aufregung und Leidenschaft vergessen. Die Büchse im Anschlag, richtete ich mich im Versteck auf, und wie die ersten Krickeln nur hinter den Steinen vorsahen und ich den dunklen Schatten eines Körpers erkennen konnte, gab ich Feuer.

Ich weiß nicht einmal, ob es geknallt hat; weiter nichts als das wilde Hals-über-Kopf-hinabstürzen der erschreckten Tiere hörte ich, die aber auch im nächsten Augenblick in der Schlucht verschwunden waren, und als ich dort nachsprang und noch einmal hinter den Flüchtigen aus etwa zweihundertfünfzig Schritt nachfeuerte, stob das ganze Rudel auseinander und eilte wieder der Stelle zu, auf der ich es zuerst gesehen hatte. Allerdings sonderte sich ein Bock vom Rudel ab und rutschte, zu meiner innigen Freude, ein ganzes Stück den ziemlich steil da ablaufenden Hang hinunter. Ob er aber vielleicht nur ausgerutscht war – und warum sollte das einer Gemse nicht auch geschehen können? – oder mich gar damit verhöhnen wollte, ich weiß es nicht. Spätere Nachsuche auf der Fährte ergab nicht einen Tropfen Schweiß, der auf dem grauen Geröll überall deutlich sichtbar gewesen wäre. Bald darauf schloß er sich auch wieder seinem Rudel an.

Gleich nach dem Schuß kam ein ganzer Flug Alpendohlen – sonst entsetzlich scheue Vögel, die den Jäger nicht auf hundert Schritt hinanlassen – um den Gipfel des Jochs herum. So wie sie mich da oben aufrecht stehen sahen, flogen sie auf mich zu, kreisten mir, auf kaum zwanzig Schritt um den Kopf und stießen sogar nach mir, wobei mir ein paar so nahe kamen, daß ich sie fast hätte mit der Flinte schlagen können.

Die Alpendohle, oder auch Schneekrähe genannt, ist ein wunderhübscher zierlicher Vogel, etwa von der Größe einer Elster, wenn nicht noch etwas stärker, nur ohne die langen Schwanzfedern, mit bläulichem Schiller auf ihrem schwarzen Gefieder, hellgelbem Schnabel, grellroten Ständern und gar so munteren braunen Augen. Ihr Pfeifen klingt auch fast melodisch, und wie sie munter und gesellig in den Alpen herumtummeln und in der Luft kreisend zusammen spielen, hab' ich sie immer gern gehabt. Jetzt aber kamen sie mir ungelegen. Das Pfeifen nach dem schlechten Schuß behagte mir auch nicht. Ich zielte auf den rasch über mir hinstreichenden Vogel und schoß ihm mit der Kugel eine seiner Flügelfedern durch. Das nahmen jedoch die anderen sehr übel, begannen einen

Heidenlärm, wobei sie sich übrigens in weiter Entfernung hielten, und strichen dann nach unten. Gleich darauf fiel dort auch ein Schuß und unser Jagdgeber hatte einer der ebenfalls nach ihm stoßenden Krähen mit der Kugel Kopf und Hals abgeschossen.
Meine Fehlschüsse auf das Gemsrudel bedrückten mich. Gewiß gar mancher erfahrene Jäger hat sich schon übereilt und vorbeigeschossen auch. Der Schütze soll noch geboren werden, der da sagen kann, er habe nie gefehlt, aber der Heimweg, der Abend nach solchem Fehlschuß! Wenn man gleich mit einem Satz darüber hinweg auf den nächsten Tag und in das nächste Treiben hinein springen könnte, möcht's noch gehn, aber so überdenkt man die letzte unglückliche Szene wieder und wieder, hört den ganzen Abend, die ganze Nacht das Rudel über die Steine klappern, weiß jetzt ganz genau wie man es hätte machen sollen und daß trotzdem der Augenblick im ganzen Leben nicht wiederkehrt, man ist, mit einem Wort, in einer verzweifelten Stimmung.

Die Nebeljagd

Kalt und trübe brach der nächste Morgen an, und dicker, undurchdringlicher Nebel lag im Tal, in dem er erst etwa um zehn Uhr morgens ein wenig Bewegung kam. Nichts ist aber peinlicher als in den Bergen durch schlechtes Wetter einen Jagdtag zu verlieren, und wie sich deshalb auch nur die Luft ein klein wenig günstiger gestaltete, wurde der Aufbruch bestimmt. – Auch wenn die Jäger skeptisch sagten: »Ich mein halt doch, es sollt noch etwas besser werden.«

Unser Ziel lag an diesem Tag an dem oberen Teil des Engtals, das vom Larittertal, in dem wir uns befanden, nur durch einen sogenannten »Hügelrücken« getrennt war und leicht erreicht werden konnte.

»Leicht erreicht werden«, ja. Der Paß lag allerdings dicht unter der Karwendelwand und bestand aus nicht sehr steilen Grashängen. Was aber hier zu Land ein Hügel heißt, ist anderswo ein Berg – wie ja die Leute auch ein stundenbreites Tal einen Graben nennen. Wir mußten auch, immer noch im dicken Nebel, wacker zusteigen, den höchsten Kamm zu erreichen und waren tüchtig warm dabei geworden. Oben wurden die Jäger abgeschickt, den in starkem Nebel nicht sichtbaren Kessel einzuriegeln. Standen Gemsen darin, so mußten sie Wind von den Treibern bekommen, in welchem Fall sie dann rascher flüchtig werden, als wenn sie den Feind sehen konnten.

Der kalte Luftzug, der aus dem Tal heraufstieg, tat mir im Anfang, nach dem scharfen Steigen, wohl – von Erkältung weiß man ja hier überhaupt nichts. – Ich nahm also meinen Mantel aus dem Bergsack, hing ihn um, drückte mich hinter einen einzelnen Stein von der Größe eines mäßigen Elefanten, der allein zu meiner Bequemlichkeit dort von irgendeinem Bergriesen hingeschleudert schien, und erwartete geduldig den Beginn der Jagd, das heißt, das Klappern der Steine, das die heranprellenden Gemsen verraten würde.

Es war ein wunderlicher Platz. Der Nebel lag voll und schwer auf dem ganzen Tal, in das sich der Hügel, auf dessen Kamm ich saß, niedersenkte. Der Phantasie blieb dabei der weiteste Spielraum gelassen, sich dort hinein nach Gefallen auszudehnen. Wie ich deshalb so träumend auf das ungewisse milchige Dämmerlicht hinausschaute, aus dem nur, von den Wänden zurückgeworfen, das dumpfe Rauschen des Bergbachs herüber tönte, kam es mir plötzlich vor, als ob ich am kahlen felsigen Strand des Meeres sitze, das an dem Fuß desselben Hügels seine Wellen peitschte und seiner Brandung Donnern im dumpfen Brausen zu mir herübersandte.

Lebhafter hab' ich wachend noch nie geträumt, und in der Erinnerung an frühere ähnliche Szenen konnt' ich mir jetzt schon gar keine Berge dort hinein mehr denken. Das mußte Meer sein. Wie das dumpf kochte und rauschte, und wenn der Nebel sank und dort hinaus dem Auge Freiheit gab, dann lag auch die blaue See vor mir, und einzelne weiße Segel zogen wie leuchtende Punkte darüber hin.

Wenn es nur nicht so schmählich kalt gewesen wäre.

Jetzt wurde der Nebel oben lichter; die Sonne brach sich mit einem einzelnen Strahl wenigstens Bahn, und im Zenit erschien der blaue Himmel. Endlich! Jetzt zog auch der Wind schärfer aus dem Tal herauf – er schnitt im wahren Sinn des Worts durch Mark und Bein – und dort: – ich vergaß Gemsen und Jagd über das Schauspiel, das sich plötzlich, als ob ein riesiger Vorhang mit einem Wurf zurückgeschleudert würde, vor meinem Blick entfaltete. Mit Windesschnelle öffnete sich der Nebel und wich nach beiden Seiten so zurück, daß er wie durch ein gigantisches Medaillon den Blick hinaus gestattete. Vor mir aber, so dicht, daß meiner Meinung nach die Armburst einen Bolzen hätte hinübertragen müssen, stieg dunkel und massenhaft, eine Riesenmauer, die Karwendelwand empor, und blaue zerfließende Lichter schossen dabei, wie nach einem Brennpunkt, in der Mitte dieses wunderbaren Bildes zusammen und schmolzen für jetzt noch die einzelnen Teile ineinander. Allmählich löste sich aber auch dies – das Bild wurde rein und klar, und scharf gezeichnet lag plötzlich dort drüben, wo ich die See geträumt, und so hoch aufragend, daß ich empor schauen mußte, um ihre dunklen Ränder in dem sich wieder mit Nebel bedeckenden Himmel zu suchen, die Wand mit all ihren einzelnen Spalten und Rissen vor mir da. Den vierten Teil der ganzen Höhe nahmen die Reißen ein, die der Berg ins Tal

hinabgeschüttelt. Und auf diesen Reißen, noch immer von dem jetzt lichter gewordenen blauen Schein übergossen, lag ein Streifen Schnee, den dort der letzte Winter noch gelassen.
Wunderbarerweise zog sich der Nebelrahmen jetzt mehr und mehr zusammen, die schärfsten Lichter auf die Mitte werfend, und dort, auf dem Schnee – deutlich konnte ich es mit bloßem Auge erkennen – regte sich ein dunkler Gegenstand und kroch langsam und gerade, dem Zug der Wand folgend, darüber hin.
Ich würde es für eine einzelne Gemse gehalten haben, wenn es mir nicht so entsetzlich klein vorgekommen wäre. Aber was konnte es sonst sein – vielleicht ein Fuchs? Ich nahm das Fernrohr rasch aus seinem Futteral, richtete es und erkannte in dem kleinen Punkt – einen Menschen – einen Jäger, der dort an der scheinbar senkrechten Wand in solcher ungeheueren Entfernung noch seine mühsame Bahn verfolgte.
Als ob der Nebel sich aber nur geöffnet, um mir das zu zeigen, flossen in diesem Augenblick wieder breite glänzende Strahlen nach der Mitte zu – das Medaillon schloß sich, und dichter als vorher lagerte die weiße Nacht auf Berg und Tal.
Und was für ein kalter Zug mit dem Nebel wieder von da unten herauf und über den Hügel strich – die Zähne fingen mir an zu klappern, und in der Aussicht jetzt, daß wir hier sitzen müßten, bis der Jäger, den ich eben erst als kleinen dunklen Punkt gesehn, seinen Bogengang um den Kessel her vollendet hätte, wickelte ich mich nur fester und verzweifelter in meinen Mantel.
Wie lange ich so gesessen weiß ich nicht; der Nebel wurde aber immer dichter, und das einzige Vergnügen, das ich mir unter der Zeit machen konnte, war, an eine recht gut geheizte Stube zu denken. Wie die Aufregung dieses plötzlichen Phänomens – ich kann es kaum anders nennen – vorüber war, kam der Frost mit verdoppelter Schärfe wieder, und ich fror, wie nur ein unglückseliges, auf einem kalten Stein in einem solchen Nebel und auf solcher Höhe sitzendes Menschenkind frieren kann.
Das Treiben nahm auch kein Ende. – Der Nebelvorhang war wieder gefallen, und aufs neue träumte ich, an der See zu sein – irgendwo in der unmittelbaren Nähe des Eismeers. Endlich: – Gott sei Dank, das war ein Geräusch – endlich doch ein Wild!

Lith. Inst. v. L. Sachse & C° Berlin

Ein Pirschpfad.

Lith. Inst. v. L. Sachse & Co Berlin.

Die Nebeljagd.

Ich machte mich rasch fertig, konnte aber kaum den Hahn der Büchse spannen, so steif war ich gefroren. Da kam's über das lockere Gestein herauf. Mit Gewalt brachte ich den Kolben an den Backen – schon sah ich, über den Büchsenlauf hin sich einen dunklen Schatten bewegen – sobald sich das als ein alter Bock auswies... – Erschrocken setzte ich die Büchse ab. Der Schatten gehörte einem der Jäger, und der Mann stieg in Schweiß gebadet, den rauhen mühseligen Hang herauf. Ich konnte ihn nur darum beneiden, daß er nicht fror.

Das Treiben war vorbei; die Schützen kamen, ohne daß ein einziger Schuß gefallen wäre, auf dem Hügelrücken zusammen. Und wie froren sie! Wir sahen alle blau und rot marmoriert im Gesicht aus, und wenigstens eine halbe Stunde scharfen Marschierens war nötig, mich nur einigermaßen wieder biegsam zu machen.

Heute blieb freilich nicht mehr viel zu tun. Nichtsdestoweniger wäre es schade gewesen, den ganzen übrigen Tag ohne weiteren Versuch aufzugeben.

Bei dem gestrigen Auszug hatten wir an einer der dicht unter der Karwendelwand liegenden Reißen zwei starke Böcke gesehen. Wenn die alten Burschen jetzt noch dort oder in der Nähe standen, war es vielleicht möglich, ihnen mit Hilfe des Nebels anzukommen. Vorsichtig schlugen wir deshalb, von einem der Treiber geführt, einen schmalen Vieh- und Gemspfad ein, der quer unter den Reißen, aber noch in ihrem Bereich, hinführte, und merkwürdig war in der Tat diese wilde Welt, durch die wir jetzt hinschritten. In eine Wolke von Nebel gehüllt, blieb nur die nächste Nähe sichtbar, und diese bestand einzig und allein aus Steinen, die, von der Größe eines mächtigen Wohnhauses bis hinunter zu der eines Chausseesteines, in toller Mischung durcheinander lagen. Kein Busch, kein Grashalm war dabei zu sehn, nur Nebel und Felsgeröll und das Rückteil des vor einem hinschreitenden Jägers. Und wie mußte das hier donnern und schmettern wenn die Felsstücke von der mehrere tausend Fuß hohen steilen Wand, unter der wir hinschritten, zu Tal stürzten. Und wenn nun gerade jetzt ein solcher Brocken sich losgebrochen und seinen Weg hierher gefunden hätte? An ein Ausweichen wäre gar nicht zu denken gewesen, denn wie Kanonenkugeln prellen solche Stücke, nur einmal in Schwung gebracht, bergab. Störend war in der Tat der Gedanke, daß wahrscheinlich in diesem selben Augenblick hunderte solcher Blöcke über uns, nur vielleicht noch durch ein wenig Erdreich gehalten, hingen, und von der geringsten Ursache losgestoßen werden könnten. Wenn die jetzt niederbrachen, über uns – um uns her...

Es ist ein unbehagliches Gefühl an solchen Stellen hinzugehn, an denen das Leben eigentlich nur an einem nicht zu verhindernden Zufall hängt. Es hat Ähnlichkeit mit dem Spazierengehen in den Straßen einer verpesteten Stadt, wo man kaum zu atmen vermag.

Alle Wetter – da oben ging's schon los! –

Wie wir eben an einer Stelle vorüberschritten, die solch unnötiges Baumaterial in außergewöhnlicher Masse geliefert zu haben schien, polterte es plötzlich über uns in den Steinen, und einzelne kleine Karwendelwandsplitter, von der Größe eines gewöhnlichen Kinderkopfes kamen springend nieder.

Das waren jedenfalls Gemsen. – Deutlich konnten wir sie auch, vielleicht nur wenige hundert Schritt von uns entfernt, davonklappern hören – aber zu sehn war weiter nichts, als die unerbittliche weiße Decke, die uns umhüllte. Rasch wurden jetzt die nötigen Befehle erteilt, den Platz, auf dem die Gemsen plötzlich zu halten schienen, zu umstellen und sie doch vielleicht noch zum Schuß zu bekommen. Martin, dem der Boden schon lange unter den Füßen brannte, sprang dann in seinem wolfsähnlichen langen Galopp zurück, den äußersten Vorposten so rasch wie möglich zu besetzen, während unser Jagdherr selber sich noch weiter vorpirschte, um später mit Rainer die beschwerlichen Reißen hinan bis unter die Wand zu klettern. Waren die Gemsen noch darin, so mußten sie jetzt einem der Schützen kommen, denn die steile, vielleicht mehrere tausend Fuß hohe Karwendelwand konnten selbst diese Tiere nicht empor. Was nicht Flügel hatte, kam da nicht hinüber.

Der hohe Herr stand senkrecht über mir, und als der Windzug einmal auf Momente die oberen Nebelschichten in Bewegung setzte, daß der düstere Schatten der nahen Wand wie eine drohende Gewitterwolke über uns stand, konnt' ich seine hohe dunkle Gestalt, nur eben wie fast in der Luft schwebend, erkennen. Tiefer im Tal stand ein jüngerer Anverwandter desselben, der schon einige Tage mit in den Bergen gejagt hatte, und neben ihm, seinen schottischen Plaid über der Schulter und seinen breiträndigen Hut auf, der ihm den Namen eines »falschen Spaniers« gegeben, der Zeichner dieser Skizzen.

Ich hatte mich in einen Latschenbusch gedrückt, Platz genug zum Schießen und zwei Büchsen neben mir, da die Erinnerung an das gestrige Rudel den Verdacht in mir hatte aufsteigen lassen, daß mir heute etwas Ähnliches widerfahren würde. Der Mensch gibt sich manchmal solchen angenehmen Träumen hin.

Ein paarmal schwankte der Nebel, und es schien fast, als ob er sich zerstreuen wolle; das wäre für die Jagd prächtig gewesen. Jedenfalls hatte sich der Wind gedreht und kam jetzt mehr von Norden als heut morgen, aber der Nebel wich und wankte nicht. Da fing es plötzlich über mir an in den Steinen zu donnern und zu prasseln, daß ich glaubte, der ganze Berg käme herunter. »Piff – paff« waren dabei oben die Schüsse rechts und links zu hören.

Ein ganzes Rudel mußte dort irgendwo aufgestanden und nach allen Richtungen gleich hin flüchtig geworden sein.

Wie wenn jemand auf dünnem Eise geht, es plötzlich links und rechts um sich knacken hört und nun in Todesangst, die Augen rasch hinüber und herüber wirft, von welcher Seite die Gefahr, der schlimmste Riß zuerst wohl kommen könne, so hing ich in der Latsche. Nebel, daß man keine dreißig Schritt weit sehen konnte, und jetzt ringsum das tolle Poltern, ja sogar soweit das Auge nach rechts und links schauen konnte, niederspringende Steine – es war ein Augenblick der peinlichsten Spannung und Erwartung, einer der wenigen Momente im Leben, in denen man auf jeder Schulter und besonders auf dem Rücken noch ein Gesicht mit ein paar Augen haben möchte und sich fast den Kopf in den vollkommen nutzlosen Versuchen abdreht, überall hin, zu gleicher Zeit, zu schauen.

Schüsse jetzt nach allen Richtungen – Schreckschüsse wie sich später auswies, um die Gemsen, die oben durchbrechen wollten, zurückzubringen. Da brachen plötzlich drei dunkle Schatten quer vor mir hinüber. Wenn ich auch ziemlich deutlich sah, daß es Gemsen waren, durfte ich doch nach der Richtung hin nicht schießen, da leicht schon ein Treiber hier herüber gekommen sein konnte und die Kugeln auf den eckigen Steinen oft nach ganz verkehrten Richtun-

gen abprallen. Ehe ich aber auch nur hätte anlegen können, waren sie von einer Schlucht oder vom Nebel verschlungen, und ich hörte nur noch, wie sie bergab und der Richtung zusprangen, in der Prinz C.* stand.
»Paff!« knallte ein Schuß, kurz und trocken von dort herüber, und es fiel mir jetzt auf, was ich schon bei den früheren Schüssen bemerkt hatte, wie wenig Schall sie nämlich in solchem Nebel hatten. Bei klarem Wetter hätte die rauhe mächtige Wand das Echo sicherlich mit donnerndem Getös hinab ins Tal geworfen.

Gleich nach dem Schuß hörte ich in meiner Nähe Getrappel, und ich entdeckte ziemlich deutlich die dunklen Gestalten zweier Gemsen – so groß dem Anschein nach wie Kälber –, die am Hügelhang flüchtig aufwärts gingen. Das mußten jedenfalls Böcke sein, und das war die letzte Gelegenheit für mich. Wenn sie mir auch in den dichten Nebelschichten ein paarmal unter den Augen verschwanden, schickte ich ihnen doch, sobald sie wieder sichtbar wurden, rasch hintereinander drei Kugeln nach.
Nach jedem Schuß – und das Einschlagen der Kugeln mußten sie an dem steilen Hang hören – blieben sie allerdings einen Moment wie erstaunt stehn, setzten aber auch dann eben so ungeniert ihre Flucht fort, bis die Gemsen mit dem Nebel vor meinen Augen zu einer grauen unbestimmten Masse zusammenschmolzen.

* Prinz Coburg-Coharry

Bei der Nachsuche später fanden wir übrigens keinen Tropfen Schweiß, und ein älterer, erfahrener Schütze, der mit unten gestanden und das Wild weit näher gehabt als ich, aber nicht geschossen hatte, weil er behauptete, es sei eine Geiß und Kitz gewesen, versicherte: die alte Geiß wäre nach jedem Schuß stehen geblieben, hätte sich nach dem Kleinen umgesehn und zu ihm gesagt: »Komm nur mit, mein Kindchen, du hast gar nichts zu fürchten.«

Unser Jagdherr hatte in dem nichtswürdigen Nebel ebenfalls vorbeigeschossen oder doch eine Gemse nur gestreift; die Nachsuche am nächsten Tag ergab trotz hie und da gefundenem Schweiß kein Resultat.

Glücklicher dagegen war mein junger Nachbar gewesen, und als wir hinunter kamen, fanden wir Michel emsig damit beschäftigt, einen prachtvollen Bock, der in voller Flucht den Berg hinunter gekommen und im Feuer zusammengebrochen war, zu zerwirken.

Merkwürdig ist, wie sehr man sich bei solchem Nebel in den Formen und Umrissen besonders flüchtig gehenden Wildes täuscht, während die stete Aufregung, Gemsen überall, vielleicht in Schußnähe, um sich zu wissen und zu hören und doch nichts sehn zu können, dem Schützen die letzte Ruhe nimmt. Ich wenigstens, obgleich sonst auf der Jagd gar nicht so übermäßig hitzig, befand mich bei diesem Nebeltreiben in einer ganz unbeschreiblichen Aufregung.

Während wir wohl noch eine halbe Stunde mit der vergeblichen Nachsuche verloren, war es fast dunkel geworden. Ein frischer Wind, der sich zugleich erhob, trieb jetzt die oberen Nebelschichten vor sich her, und als wir dicht unter der senkrecht niederfallenden Karwendelwand hingingen, zeigte sich über uns der blaue reine Himmel, an dem einzelne lichte, von der Sonne erhellte Wolken rasch nach Süden zu vorüber zogen. Zu gleicher Zeit wurde die ganze dunkle zackige Wand sichtbar, und wir alle blieben fast erschreckt vor dem Anblick stehn, der sich hier uns bot.

Die Wolken zogen von uns weg, über die Wand hinüber, und wie es bei halbklarem Himmel, wenn der Mond oben steht, gerade so aussieht, als ob die Wolken ihren Platz behaupteten und nur der Mond in wilder Flucht hindurchjagte, so war es jetzt, als ob die

ganze furchtbar düstere Steinmasse der Wand, die ihre scharfen Zacken in die klare Luft hineinreckte, langsam nach uns herüber schwankte und alle im nächsten Augenblick mit ihrer riesigen Wucht zerschmettern müßte.
Ich wußte, es war nur Augentäuschung, und doch mußte ich den Kopf wegwenden. Wie schön der Anblick war, so über alle Maßen furchtbar und bewältigend war er auch.
Wieder schloß sich da der Nebel, und des zurückkehrenden Martin's Bericht brachte uns bald auf andere Gedanken.
Als er nämlich, wie er erzählte, vorher abgeschickt worden war, um dem Rudel, das wir poltern gehört, den Weg abzuschneiden, glückte ihm dies so vollkommen, daß er, vom Wind und ihrem eigenen Steingerassel dabei begünstigt, dicht an sie hinankam. Im ersten unbedachten Schreck flohen sie auch, wie sie den Menschen gewahr wurden, soweit es ihnen der starre Fels erlaubte, grad' an der Wand hinauf. Dorten aber kamen sie bald zu einem gezwungenen Halt, während ihnen der jetzt aufspringende Martin den Rückweg abschnitt oder doch wenigstens verstellte. Ein paar Minuten blieben sie so – und das muß wundervoll ausgesehen haben – an der steilen Felswand, eine hinter der anderen klebend, bis der Jäger endlich, um sie dort herunter zu bringen, einen Schreckschuß abfeuerte. Aber jetzt kamen sie. Und zwar so rasch, daß der Jäger versicherte: »Ich hab schauen müssen, daß ich davon gekommen bin.« Steine und Gemsen, alles durcheinander, brachen und prasselten plötzlich zusammen und hintereinander her den schroffen Hang nieder. Im Nu waren sie aber auch im Nebel verschwunden, und nur ihr Geklapper auf den lockeren Reißen verriet die Richtung, die sie genommen.

Die Nachsuche

Es gibt in unseren Naturgeschichten einige althergebrachte Anekdoten von Menschen und Tieren, die »gang und gäbe« sind und die einer dem anderen so unbefangen nacherzählt, als ob es sich nur um allgemein anerkannte Tatsachen handelte. So versteht es sich von selbst, daß der Löwe ein höchst großmütiges uneigennütziges Tier sei: der Rinaldo Rinaldini unter den Bestien, der eine bestimmte Aversion gegen den Blick des Menschen habe und demselben unter keinen Umständen begegnen könne. Bei der Klapperschlange heißt es, daß sie mit ihrem Blick allein Vögel anlocke, banne und – verschlinge. Ein Gemsjäger ferner ist, für die Jugend wenigstens, untrennbar von dem Bilde eines Menschen, der, mit einem sehr spitzen Hut auf einer sehr steilen Eiszinke steht und sich die Fußsohle ausschneidet. Ich selber kann mich auch noch recht gut aus meiner Jugendzeit erinnern, daß ich das Fußausschneiden als vollkommen identisch mit der Gemsjagd hielt. Kommt man dann aber später in das wirkliche Leben und auf den Schauplatz solcher außerordentlichen Ankündigungen hinaus, so findet man nicht allein bei diesen, sondern auch bei noch vielen anderen, mit großer Entschiedenheit aufgestellten Behauptungen, daß irgendein biederer Gelehrter, daheim im warmen Studierzimmer, bei einer Pfeife Tabak und mit Hilfe einer unbestimmten Anzahl von Folianten, derlei Schlüsse exzerpiert und kombiniert und mit großem Selbstvertrauen in die Welt hinausgestreut hat. Natürlich glaubt er das am Ende selber, was er geschrieben, und darf das nämliche nun auch von anderen verlangen. So ist es auch mit dem Gemsjäger und dem Fußausschneiden.

Nichtsdestoweniger ist das Steigen in den Bergen doch eine keineswegs so leichte Sache, und wenn der noch nicht recht darin Geübte auch gerade nicht an solche Stellen hinzugehen braucht, die selbst den alten Steigern »schiech« vorkommen, findet er doch Gelegenheit genug, zu versuchen ob er schwindlig ist und einen festen Schritt hat.

Die Jagd selber bietet dabei noch nicht das schlimmste, denn dort kann sich der Schütze und selbst der Treiber doch immer noch den gangbar scheinenden Weg aussuchen und die ärgsten Stellen vermeiden. Auf der Nachsuche dagegen, um ein angeschossenes Gemstier zu finden, führt dieses selber den Jäger, der ihm auf dem Schweiß folgen muß. Und daß sich die kranke Gems nicht die bequemsten Wechsel aussucht, läßt sich denken. Die Nachsuche ist jedenfalls der wildeste und gefährlichste Teil der ganzen Gemsenjagd, und eine recht hübsche Probe habe ich wenigstens davon bekommen: Am Heimjoch hatte ich eine Gemse, die flüchtig auf dem Pirschgang vor mir in die Latschen sprang, angeschossen, und Rainer war ihr schon an dem Abend soweit auf dem Schweiß gefolgt, bis er eben nicht weiter nach konnte. Die Nacht regnete es, was vom Himmel herunter wollte, und um das angeschossene Wild nicht zu verlieren, ging ich am nächsten Morgen mit ihm, Wastel und zwei Hunden aus, die Gemse zu suchen, die sich irgendwo eingestellt haben mußte.

Wir kletterten die Klamm aufwärts, mit Steigeisen an den Füßen, an steilen Klüften hinauf, wo wir den Hunden nachhelfen mußten. Wir krochen durch die nassen Latschen, über glattes Gestein und bröckelige Reißen, an Abgründen und Felsspalten hin und erreichten endlich die Stelle, wo der Jäger vermutete, daß die Gemse sich eingestellt haben möchte. Wastel war ein Stück zurückgeblieben, in ein paar andere Felsspalten hinein zu schauen, ob sie dort nicht vielleicht verendet läge, als plötzlich die Hunde dicht vor mir laut wurden. Und sie hatten Ursach dazu, denn aus den Latschen heraus, sprang plötzlich die angeschossene Gems, sie machte ein paar Sätze und stellte sich dann kaum zehn Schritt von mir entfernt auf eine kleine spitze Felskuppe.

Das Schloß der Büchse hatte ich, die Nässe davon abzuhalten, mit dem Taschentuch umwunden, und an einer Stelle, wo ich mich nicht einmal umdrehen konnte, während ich mit dem linken Arm um einen Latschenzweig hing, war ich nicht imstande, den verwünschten Knoten der nassen Seide aufzubekommen. Lang' hielt sich die Gemse aber auch nicht auf, die Hunde waren ihr zu dicht auf den Fersen, und nur einen halberstaunten, halberschreckenden Blick auf uns werfend, sprang sie, von den Hunden verfolgt und augenscheinlich krank, den Hang hinunter. Bergmandl besonders, der kleine Dackel, warf sich mit wahrer Todesverachtung und ganz auf seine kurzen krummen Beinchen vergessend, hinter drein.

Lith. Inst. v. L. Sachse & Cº Berlin.

Jn der Flucht.

Lith Inst. von L. Sachse & Co. Berlin.

Das Niedersteigen.

Ein Stück Wegs sah ich ihn auch wirklich auf dem Rücken, die Beinchen in der Luft, hinabrutschen; aber er kam richtig wieder auf die Füße, und es dauerte gar nicht lange, so hatten sie unten die kranke Gemse gestellt, die der herbeigeeilte Wastel tot schoß.
Rainer hatte seine innige Freude, daß die angeschossene Gems gefunden worden. – Die Leute setzen einen Stolz darein, alles, wobei sie beteiligt sind, mit Erfolg gekrönt zu sehn.
»Ich wußte, daß wir ihn heut' bekommen würden. Wie ich nur den Schweiß gestern observierte, wußt' ich es. Was aber der Bursch noch springen konnte. Er setzte mit wahrer Toleranz die Wand hinunter«, sagte Rainer, der immer wieder in sein schwarzes Frack-Deutsch verfiel.
Auf dem Heimweg entwickelte Rainer eine auf praktische Erfahrung gegründete Theorie über den Bergschuh. Er hielt nämlich die Schuh für gefährlich, die außer den Randnägeln auch noch eiserne Nägel in der Mitte hätten. »Auf den steilen Lannen und Grasboden«, sagte er dabei, »schadet das nichts, da ist Eisen die Hauptsache, aber wenn man auf Steine kommt, dann ist es auch nötig, daß man Leder unter dem Schuh zu fühlen bekommt. Das Eisen rutscht auf den Steinen eher ab, aber das Leder ist mehr elektrisch – das hält!«

Die Jagd! die frohe herrliche Jagd! Oh wieviel könnt' ich dem Leser noch davon erzählen, müßt' ich nicht fürchten, ihn zuletzt zu ermüden. Es ist ein Unterschied, das mit durchzuleben oder es nur erzählen zu hören, obgleich der, der selber Jäger ist, sich wohl leicht und gern in das herrliche Leben solcher Bergluft mithineindenkt und selbst der Laie für kurze Zeit Teil daran nimmt. Lieber Gott, die Poesie liegt uns, in der altbackenen Wirklichkeit unseres Daseins, meist so fern, daß man eigentlich froh sein sollte, noch einen Platz in gar nicht so weiter Ferne zu wissen, in dem sie in all ihren Reizen prangt und thront. Wenige Herzen sind es ja außerdem, die den Sinn, die das Gemüt und den freien männlichen Mut haben, sie dort festzuhalten.
Wie eine Schnur kostbarer Perlen reiht sich da ein Tag an den anderen, keiner dem vorigen ähnlich, alle wieder neu, voll Abenteuer, voll neuer Szenen, neuer Erfahrungen, alle gleich

wertvoll, gleich schön in der Erinnerung. Heute ein Treiben in wild zerrissener und zerklüfteter Klamm, während der Sturm durch die Berge heult und wie Kanonendonner durch die Schluchten saust, die Latschen wie ein grünes Meer durchwogt und schwere Steine von den Wänden reißt – morgen ein stiller Pirschgang in früher Morgenstunde über die Joche hin und durch die Gräben nieder, und gerad' Beschwerden und Gefahr genug, dem wahren Manne das Herz mit Luft und Wonne bis zum Rand zu füllen.

Auch daß die Jagd nicht alle Tage glückt, verleiht ihr einen weit höheren Reiz, als wenn man eben nur hinauszugehen brauchte, das Wild tot zu schießen. Es ist wirkliche Jagd und hat deshalb auch gar keine Ähnlichkeit mit den Hasenschlächtereien des flachen Landes. Was man erlegt, hat man sich wahrlich sauer und schwer genug verdient. Wenn man dann auch drei oder vier Tage umsonst die schwersten Touren gemacht, bringt der Erfolg des fünften hundertfachen Lohn.

So verfliegt der Tag draußen in den Bergen, daß man oft gar nicht weiß, wo er hingekommen, und der Abend am lodernden Kamin vergeht ebenso schnell. Müde wird der Körper ja überhaupt nicht in dieser reinen Luft, selbst nach Anstrengungen, die im flachen Land den stärksten Mann zum Tod erschöpfen würden. Die Zeit dann zwischen Jagd und Jagd ist deshalb nicht Erholung sondern wieder nur ein Vergnügen anderer Art. Man hat eben nicht zu jagen aufgehört, weil man müde, sondern einfach weil es dunkel wurde, und man beginnt frisch, wie am vorigen Morgen, sobald die Sonne sich im Osten zeigt – bis der Schnee kommt.

Der Schnee ist des Gemsjägers Feind, und so erfreulich er im flachen Lande sein mag, Wild zu bestätigen und den Wald nach Raubzeug abzuspüren, so derb und mächtig tritt er dort in den Bergen gewöhnlich auf, wenn er erst einmal beginnt.

Oft geschieht es allerdings, daß es oben auf den Jochen in der Nacht einen Fuß Schnee herunterwirft und um Mittag herum die Sonne auch das Letzte an der Südseite der Hänge wieder aufgesogen hat. Der Schnee liegt dann auch weit lockerer dort als im flachen Land. Das geht aber ein- oder zweimal so, nachher wird's Ernst, und hat er sich erst einmal ordentlich festgesetzt, dann ist's auch in den Alpen mit der Jagd vorbei – wenigstens mit der Treibjagd. Der Pirschende ist gezwungen, alle gefährlichen und selbst nur steilen Plätze zu vermeiden und muß sich außerdem vor Lawinen und Schneestürzen arg in acht nehmen.

Die Gemsen sollen sich bei heftig eintretendem Schneewetter in den Wald hinunterziehn. Sobald es aber aufgehört hat zu schneien, gehen sie wieder auf die Höhen, und dort, wo die Lawine den Schnee ins Tal hinunter reißt, öffnen sich für sie vollkommen sichere Äsungsplätze.

Daß Gemsen von Lawinen erfaßt und begraben werden, geschieht außerordentlich selten. Die klugen Tiere kennen die gefährlichen Plätze wie die gefährlichen Zeiten und meiden sie sorgfältig.

Schluß

Und muß es denn geschieden sein? – Die Hörner und Joche sind bis zum Fuß hinab in ihre weißen, wallenden Mäntel gehüllt; der Frost hat diese Decke mit einem glänzenden, spiegelglatten Panzer umzogen, und wäre es jetzt selbst möglich, in den Bergen fortzukommen, die Gemsen hörten doch schon halbe Stunden weit den lauten Schritt. Und wie so furchtbar wild und öde jene weiten Klüfte jetzt aussehn, nun der Winter sie mit tiefem Schnee gefüllt und Felsenspalten und Bergesschlucht mit seinem Atem glatt geebnet hat. Wie bläulich die Schatten sich darüber legen und der Sturm den weißen Staub hochwirbelnd in die Lüfte führt. Die Latschen biegen sich unter der gewaltigen Last und sind schon lange zu festen, untrennbaren Massen zusammengegossen worden. Nur die obersten Joche hat die Windsbraut sich rein gefegt zum tollen, heulenden Tanz, sie wirbelt da oben den Schnee lustig im Kreise herum und jauchzt ihr wildes Jubelgeschrei in die Schluchten nieder, daß es wie jäher Donner durch die Täler braust.

Zitternd und scheu sucht in solcher Zeit das arme Wild den Schutz der bergenden Waldung, und die breitarmige Tanne, die ihre Zweige wie ein Dach zur Erde niedersenkt, hat immer noch ein Plätzchen für ihre Lieblinge. An Nahrung kann sie ihnen freilich nichts weiter bieten, als das Gras, das sie selber gegen den Schnee geschützt gehalten. Ob nun das Wild den Sommer hindurch absichtlich das Gras unter diesen Bäumen schont, um im Winter Nahrung dort zu finden, oder ob es den Tieren, wo überall genug der süßen Äsung steht, zu unbequem ist, unter die niederhängenden Zweige zu kriechen, weiß ich nicht. Fest steht, daß diese unter den Bäumen freigehaltenen Stellen dem Wild in jenen Bergen der größte Schutz gegen Sturm und Hunger sind, und nur, wenn der Schnee zu furchtbar arg wird, wie im vorletzten Jahr und die armen Geschöpfe vielleicht gar an solchen Stellen einschneien und sich nicht wieder vorarbeiten können, dann freilich gehn viele ein, und Füchse und Raubvögel haben reiche Atzung.

Sobald aber die Schneedecke friert und hart wird, ist die flüchtige Gemse wieder auf den Füßen, und dann geht es mit frohen Sprüngen in die Berge hinauf, dort süßere Äsung zu suchen als der

Wald ihr bieten konnte. An den schroffen Wänden gibt es auch überall Schneestürze, die hie und da einen Grasfleck freigeschoben haben, bis die Lawine mit vollen Händen den grün und reich besetzten Tisch für sie deckt. In der Zeit haben sie auch nicht mehr des Jägers Rohr zu fürchten. Wenn sie nur die Augen gut nach oben Wacht halten lassen – nach unten sind sie sicher.
Vor dem Schloß stehn die Jäger, dem scheidenden Herrn noch ein Lebewohl zuzurufen. Sie sind meist alle in ihrer Sonntagstracht und sehen ernst, ja fast traurig aus, unterhalten sich auch nur leise miteinander. Die fröhliche Jagd ist vorbei, der lange schwere Winter liegt vor ihnen, und sie haben nichts, das sie heiter stimmen oder ihnen Anlaß zu den sonst häufigen Scherzen und Neckereien geben könnte.
Auch Bandey, der Fischer und Vogelsteller steht dazwischen, mit noch ganz besonderer Ursache unzufrieden zu sein. Armer Bandey, du paßtest vergebens auf einen deiner Kameraden, den du für den Fischdieb hieltest, und während du mit Zorn und Rache in dem sonst so gutmütigen Herzen auf einen spitzen Hut und ein Paar Lederhosen zur Zielscheibe wartetest, stahl dir eine Fischotter unter dem Lauf der alten Schrotflinte die mühsam gefangenen und so treu bewachten Forellen weg.

Selbst Jackel fehlt nicht mit dem roten, gutmütigen aber immer etwas verdutzt dreinschauenden Gesicht. Er sieht heute aber nicht reinlicher aus als gewöhnlich. Da tritt der Kammerdiener zu ihm, und reicht ihm freundlich die Hand zum Abschied.

»Nun Jackel, halte Dich gut bis zum nächsten Jahr.«

»Danke schön, gleichfalls; kommen Sie hübsch gesund wieder her«, nickt Jackel gutmütig und schüttelt die gebotene Rechte aus Leibeskräften.

»Aber Jackel«, sagt da der Kammerdiener, indem er seinen prüfenden Blick an der vierschrötigen Gestalt auf und nieder gleiten läßt, mit freundlich verweisender Stimme, »wie siehst Du wieder aus. Reine Wäsche hätt'st Du Dir doch wenigstens heute anziehen können. Was sollen denn die Herren von Dir denken?«

»Ach Herr Kammerdiener«, sagt Jackel gutmütig lächelnd, aber doch ein wenig dabei errötend, – »die sind's halt schon an mir gewöhnt.«

Die Wagen fahren vor, die Jagdgesellschaft tritt in den kleinen Vorhof hinaus. Jeder springt auf seinen Sitz. – Noch einen freundlich grüßenden Blick wirft der scheidende Herr über die Gestalten der Jäger, die ihm mit rasch heruntergezogenen Hüten den herzlichen Abschiedsgruß zurufen. Einen anderen Blick, fast mit einem leichten Seufzer, wirft er nach den schneeigen Bergriesen hinauf, von denen er jetzt wieder auf ein volles Jahr Abschied nimmt. – Und wie im Flug rollen die leichten Wagen die schmale aber glatte Straße entlang, dem flachen Lande zu.

Inhalt